風險管理

蒲麗娟、劉雨佳 主編

財經錢線

前 言

　　市場經濟越發達，不確定因素就越龐雜，風險也越突出，公司對風險管理的需求也就越迫切，要求也就越高。在現代經濟中，如何有效管理各種風險，實現公司價值最大化，就成為公司治理以及核心競爭力培育中的一個永恆的非常重要的課題。

　　風險管理是一門歷史比較悠久的應用性課程，市場上已有不少相關教材，它們各具特色，對風險管理學科的發展起到了很大的推動作用，為本書的寫作也提供了有力的智力支撐，但是由於風險管理是一個日新月異、系統複雜的內容，現代經濟的快速發展，金融日趨深化，公司面臨的風險日益凸顯並且已經發生了很大的變化。20世紀70年代以來，由風險引發的公司或金融機構破產以及大範圍的金融危機屢次爆發，社會經濟發展遭受重創，社會財富損失慘重。在這一背景下，專家、學者及業界人士從理論上與實踐上對風險管理的理念、技術、決策和監控進行了全方位多角度的探索和研究，目前已經形成了以公司全面風險管理整合框架為主流的科學合理的理論體系。

　　本書一共分為十章。第一章風險管理導論，概括介紹了風險、風險管理的基本概念，風險管理的發展和程序。第二章至第八章，系統闡述了風險管理的程序：分析（包括風險識別和風險衡量）、風險管理措施、風險管理決策等；同時，介紹了保險、保險經紀人以及專業自保公司的相關內容。這部分是本教材的核心內容，並使用數理方法來闡明風險管理的諸環節。其中，第五章純粹風險管理對純粹風險作了詳細分析。第八章現金流量分析對現金流量評價法進行了詳細說明。第九章對巨災風險管理的核心內容（包括巨災風險分析和損失管理、巨災保險制度）作了總括介紹，闡述了巨災風險識別和衡量的基本方法，再以地震為例說明巨災風險損失管理辦法，最後探討如何建立中國由政府主導、市場化運作的巨災風險制度。第十章對危機管理的框架和基礎知識作了扼要介紹，並與風險管理進行比較。

　　本書是定位於培養應用性專業技術人才的教材，在介紹制度、流程、手段的同時，還特別對風險管理的實務操作，如識別技術、評估技術、管理策略以及相關運用等都進行了非常具體的介紹，並配有例題加以解釋。

目 錄

1 風險管理導論 ·· (1)
  1.1 風險的定義和相關基本概念 ·· (1)
    1.1.1 風險的含義 ·· (1)
    1.1.2 風險的特徵 ·· (2)
  1.2 風險的分類 ·· (2)
    1.2.1 風險的基本分類 ·· (2)
    1.2.2 純粹風險的分類 ·· (3)
    1.2.3 幾類主要的金融風險 ·· (4)
  1.3 風險管理概述 ·· (5)
    1.3.1 風險管理的定義 ·· (5)
    1.3.2 風險管理的目標 ·· (6)
    1.3.3 風險管理的程序 ·· (7)

2 風險的識別與分析 ·· (11)
  2.1 風險形成的機制 ·· (11)
  2.2 風險和人的行為 ·· (12)
    2.2.1 對待風險的態度和行為 ·· (12)
    2.2.2 衡量對待風險的態度 ·· (13)
  2.3 風險識別 ·· (14)
    2.3.1 風險分析概述 ·· (14)
    2.3.2 風險識別方法 ·· (15)

3 風險統計和概率分析 ·· (18)
  3.1 風險的分析統計 ·· (18)
    3.1.1 收集數據 ·· (18)
    3.1.2 數據的表示方法 ·· (19)

            3.1.3 數據的計量 ………………………………………… (19)
     3.2 概率的統計和分佈 …………………………………………… (21)
            3.2.1 概率的計算方法 …………………………………… (21)
            3.2.2 概率的分佈 ………………………………………… (22)

4 風險管理措施 ………………………………………………………… (24)
   4.1 風險管理措施概述 …………………………………………… (24)
            4.1.1 風險管理措施的分類 ……………………………… (24)
            4.1.2 評價應對方案以及實施成本的評估 ……………… (26)
   4.2 控制型風險管理措施 ………………………………………… (27)
            4.2.1 控制型風險管理措施的目標 ……………………… (27)
            4.2.2 風險迴避和損失控制 ……………………………… (28)
            4.2.3 控制型風險轉移 …………………………………… (28)
   4.3 融資型風險管理措施 ………………………………………… (29)
            4.3.1 風險自留 …………………………………………… (29)
            4.3.2 合同融資型風險轉移措施 ………………………… (31)
   4.4 內部風險抑制 ………………………………………………… (31)
            4.4.1 分散 ………………………………………………… (31)
            4.4.2 複製 ………………………………………………… (32)
            4.4.3 信息管理 …………………………………………… (32)
            4.4.4 風險交流 …………………………………………… (32)
            4.4.5 全面風險抑制 ……………………………………… (33)
   4.5 企業內部控制制度 …………………………………………… (33)
            4.5.1 內部控制制度應規範的內容 ……………………… (33)
            4.5.2 內部控制制度的執行 ……………………………… (35)
            4.5.3 建立和評價內部控制制度的原則 ………………… (36)
   4.6 風險管理信息系統 …………………………………………… (36)

5 純粹風險管理 (37)

5.1 純粹風險概述 (37)
5.2 純粹風險類型 (37)
5.2.1 財產損失風險 (37)
5.2.2 責任風險 (38)
5.2.3 人力資本風險 (41)
5.3 純粹風險的度量 (42)
5.3.1 財產損失度量 (42)
5.3.2 責任損失度量 (44)
5.3.3 人力資本損失度量 (46)
5.4 純粹風險管理 (48)

6 保險 (51)

6.1 保險 (51)
6.1.1 保險的定義和職能 (51)
6.1.2 保險合同 (53)
6.1.3 保險的險種 (57)
6.2 保險經紀人 (58)
6.2.1 保險經紀人現狀和基本理論 (58)
6.2.2 保險經紀人的運作和監管 (61)
6.3 專業自保公司 (62)
6.3.1 專業自保公司的分類 (63)
6.3.2 專業自保公司的構建 (65)
6.3.3 建立專業自保公司的優劣勢分析 (66)

7 風險管理決策 (68)

7.1 風險管理決策概述 (68)
7.1.1 風險管理決策的含義和內容 (68)
7.1.2 風險管理決策的意義和原則 (69)

7.2	損失期望值分析法	(71)
7.3	效用期望值分析法	(74)
7.4	決策樹分析法	(76)

8 現金流量分析 (78)
8.1	現金流量分析	(78)
8.2	現金流量的評價方法	(79)
8.3	通過現金流量分析進行風險管理決策	(82)

9 巨災風險 (86)
9.1	巨災和巨災風險	(86)
9.2	巨災風險的損失管理	(88)
9.3	巨災保險制度	(91)
	9.3.1 巨災保險制度內容	(91)
	9.3.2 中國巨災保險制度現狀	(91)
	9.3.3 建立巨災保險制度的積極效應	(92)
	9.3.4 中國構建三位一體的巨災風險管理體系計劃	(93)

10 危機管理 (94)
10.1	危機管理的定義和特徵	(94)
10.2	企業危機管理的基本原則	(95)
10.3	企業危機管理的內容	(97)
10.4	企業危機管理的類型	(100)

1　風險管理導論

本章重點

1. 理解風險的基本定義和有關的基本概念。
2. 瞭解風險的分類。
3. 掌握風險管理的定義、目標、框架。

1.1　風險的定義和相關基本概念

1.1.1　風險的含義

對於風險的定義，經濟學家、統計學家、決策理論家和保險學者並未達成一個適用於他們各個領域的一致公認的結論。關於風險，目前有數種不同的定義。

1. 損失機會

把風險定義為損失機會，這表明風險是一種面臨損失的可能性狀況，也表明風險是在一定狀況下的概率度。當損失機會（概率）是 0 或 1 時，就沒有風險。對這一定義持反對意見的人認為，如果風險和損失機會是同一件事，風險度和概率度應該總是相等的。但是，當損失概率是 1 時，損失是確定的，但並沒有風險，因為風險必須是有些結果不確定的。

2. 損失的不確定性

決策理論家把風險定義為損失的不確定性，這種不確定性又可分為客觀的不確定性和主觀的不確定性。客觀的不確定性是實際結果與預期結果的偏差，它可以使用統計學工具加以度量。主觀的不確定性是個人對客觀風險的評估，它同個人的知識、經驗、精神和心理狀態有關，不同的人面臨相同的客觀風險時會有不同的主觀的不確定性。

3. 實際與預期結果的離差

長期以來，統計學家把風險定義為實際結果與預期結果的離差度。例如，一家保險公司承保 10 萬幢住宅，按照過去的經驗數據估計火災發生的概率是 1‰，即 1,000 幢住宅在一年中有一幢會發生火災，那麼這 10 萬幢住宅在一年中就會有 100 幢發生火

災。然而，實際結果不太可能正好是 100 幢住宅發生火災，它會偏離預期結果，保險公司估計可能的偏差域為±10，即在 90 幢和 110 幢住宅之間，可以使用統計學中的標準差來衡量這種風險。

4. 風險是實際結果偏離預期結果的概率

有的保險學者認為把風險定義為一個事件的實際結果偏離預期結果的客觀概率。在這個定義中風險不是損失概率。例如，生命表中 21 歲的男性死亡率是 1.91‰，而這個 21 歲男性實際死亡率會與這個預期的死亡率不同，這一偏差的客觀概率是可以計算出來的。這個定義實際上是實際與預期結果的離差的變換形式。

此外，保險業內人士常把風險這個術語用來指承保的損失原因，如火災是大多數財產所面臨的風險，或者指作為保險標的的人或財產，如把年輕的駕駛人員看作不好的風險，等等。

1.1.2 風險的特徵

風險不同於損失。損失是事後概念，風險則是明確的事前概念，兩者描述的市不能同時並存的事物發展的兩種狀態。風險具有如下特性：

（1）客觀性。它是指風險是不以企業的意志為轉移，獨立於企業意志之外的客觀存在。企業只能採取風險管理辦法降低風險發生的頻率和損失幅度，而不能徹底消除風險。

（2）普遍性。在現代社會，個體或企業面臨著各式各樣的風險，隨著科學技術的發展和生產力水準的提高，還會不斷產生新的風險，且風險事故造成的損失也越來越大。

（3）損失性。只要風險存在，就一定有發生損失的可能。風險的存在，不僅會造成人員傷亡，而且會造成生產力的破壞、社會財富的損失和經濟價值的減少，因此才使得個體或企業尋求應對風險的方法。

（4）可變性。它是指在一定條件下風險可轉化的特性。世界上任何事物都是相互聯繫、相互依存、相互制約的，而任何事物都處於變化之中，這些變化必然會引起風險的變化。

1.2 風險的分類

1.2.1 風險的基本分類

風險可以用多種方式加以分類，但基本分類如下。

1. 經濟風險和非經濟風險

以風險是否會帶來經濟損失來劃分，可以把風險分為經濟風險和非經濟風險。這裡闡述的主要是涉及經濟損失後果的風險。

2. 靜態風險和動態風險

靜態風險（Static Risk）是一種在經濟條件沒有變化的情況下，一些自然行為和人們的失當行為形成的損失的可能性。例如，自然災害和個人不誠實的品質會造成經濟損失。靜態風險對社會無任何益處，但它們具有一定的規律性，是可以預測的。動態風險（Dynamic Risk）則是在經濟條件變化的情況下造成經濟損失的可能性。例如，價格水準和技術變化可能會使經濟單位和個人遭受損失。從長期來看，動態風險使社會受益，它們是對資源配置不當所做的調整。與靜態風險相比，動態風險因缺乏規律性而難以預測，保險較適合於對付靜態風險。

3. 重大風險和特定風險

重大風險（Fundamental Risk）和特定風險（Particular Risk）之間的區別在於損失的起因和後果不同。重大風險所涉及的損失在起因和後果方面都是非個人和單獨的，它們屬於團體風險，大部分是由經濟、巨大自然災害、社會和政治原因引起的，影響到相當多的人乃至整個社會。失業、戰爭、通貨膨脹、地震、洪水都屬於重大風險。特定風險所涉及的損失在起因和後果方面都是個人和單位的。住宅發生火災和銀行被盜竊屬於特定風險。

既然重大風險或多或少是由遭受損失的個人無力控制的原因所引起的，社會而非個人對處理這裡風險負有責任。例如，失業是使用社會保險來處理的重大風險，對付地震和洪水災害也需要動用政府基金。對付特定風險主要是個人和單位自己的責任，一般使用商業保險防損和其他方法加以處理。

4. 純粹風險和投機風險

一個人購買了一輛汽車後，就會面臨著汽車遭受損失和給他人人身財產帶來損害的損失可能性，結果是發生損失或不發生損失，即純粹風險。而購買股票既有可能損失也有可能盈利，所以屬於投機風險。除了賭博以外，大多數投機風險屬於動態風險，而大多數純粹風險屬於靜態風險。一般而言，純粹風險具有可保性，而投機風險是不可保的。

1.2.2 純粹風險的分類

個人和企業面臨的純粹風險可以分為以下幾類：

（1）人身風險。人身風險是指由於死亡或喪失工作能力而造成收入損失可能性的風險。其損失原因包括死亡、老年、疾病、失業。

（2）財產風險。與財產風險相關的損失有兩種類型：財產直接損失和間接損失或後果損失。間接損失也可以分為兩類：財產喪失使用損失或其收入損失和額外費用開支。例如，企業的設備遭受損失，這不僅使設備的價值喪失，而且喪失了使用設備所帶的收入。又如，住宅發生火災後需要修復，住戶需要去他處居住，這就會發生額外的居住費用開支。

（3）責任風險。按照法律規定，當一個人因疏忽或過失造成他人人身或財產損失時，過失人負有損害賠償責任。因此，責任風險是指因侵權行為而產生的法律責任給

侵權行為人的現有或將來收入帶來損失的可能性。

（4）違約風險。違約風險是指一方不履行合同規定的義務而造成另一方經濟損失。例如，承包商未按計劃完成一項工程，債務人未按規定支付款項。

1.2.3 幾類主要的金融風險

1. 信用風險

信用風險（Credit Risk）是指債務人或交易對手未能履行合同所規定的義務或信用質量發生變化，影響金融產品價值，從而給債權人或金融產品持有人造成經濟損失的風險。

信用風險是經濟主體信用活動中的風險，即存在於企業、個人的商業信用中，更多存在於銀行信用、國家信用當中。對大多數公司來說，貸款是最大、最明顯的信用風險來源。此外，信用風險還存在於債券投資等表內業務中，也存在於信用擔保、貸款承諾等表外業務及衍生產品交易中。但是，公司正面臨著越來越多除貸款之外的其他金融工具中所包含的信用風險，包括承兌、同業交易、貿易融資、外匯交易、債券、股權、金融期權、互換、期權、承諾和擔保以及交易的結算等。

信用風險度量是現代信用風險管理的基礎和關鍵環節。信用風險度量經歷了從專家判斷、信用評分模型到違約概率模型分析三個主要發展階段。公司對信用風險的度量依賴於對借款人和交易風險的評估，前者是客戶的評級信用評級，後者是債項信用評級。通過這兩個維度度量單一客戶/債項的違約概率和違約損失率之後，公司還必須構建組合信用風險度量模型，用以度量組合內各資產的相關性和組合的預期損失。

2. 市場風險

市場風險（Market Risk）是指由於市場供求和價格因素（如利率、匯率、證券價格、商品價格與衍生品價格）發生不利變動而使公司的表內和表外業務或公司價值發生損失的風險。根據風險因素的不同，市場風險可以分為利率風險、匯率風險（包括黃金）、證券價格風險、商品價格風險與衍生品價格風險。它們分別是指由於利率、匯率、證券價格、商品價格和衍生品價格的不利變動而使公司業務獲價值遭受損失的風險。利率風險、匯率風險是最為主要的市場風險。

利率風險是指由於利率水準或者利率結構的變化引起金融資產價格發生不利變動而帶來損失的風險。按照來源的不同，利率風險可以分為重新定價風險、收益率曲線風險、基準風險和期權性風險。匯率風險是指由於匯率（外匯資產的本幣價格）變動使某一經濟主體以外幣計量的資產、負債、贏利或預期未來現金流以本幣度量的價值發生變動，從而使該經濟主體蒙受經濟損失可能性。根據表現方式，公司經營活動中所面臨的匯率風險可以劃分為三類：交易風險、折算風險、經濟風險。

市場風險評價可以使用度量指標，也可以使用分析方法。市場風險度量指標主要包括絕對價值指標、收益率曲線、敏感性指標、波動率、風險價值 VaR 等。β 系數和風險因素敏感系數主要反應證券收益率對證券所在市場以及其他因素變化的敏感程度。市場風險的分析方法主要有缺口分析、久期分析、凸度分析、外匯敞口分析、盈虧平衡分析、敏感性分析、情景分析、決策樹分析、壓力測試，以及事後檢驗。

3. 操作風險

2004 年巴塞爾委員會綜合各方意見，將操作風險（Operational Risk）定義為「由不完善或有問題的內部程序、人員及系統或外部事件造成損失所帶來的風險」。本定義所指操作風險包括法律風險，但不包括聲譽風險和戰略風險。與信用風險、市場風險相比較，銀行操作風險的表現形式多樣、涉及情況複雜、風險結果不確定，難以進行完整清晰的描述。但它們之間關係密切，並可能在一定條件下轉化為或者導致信用風險、市場風險，所以也是十分重要的一類金融風險。

操作風險的構成包括風險因素、風險事故和損失三個方面。操作風險因素通常可以分為兩類：內部風險因素和外部風險因素。其中內部風險因素包括人員因素、程序因素和技術因素，外部風險因素包括人為事故和自然災害。因此操作風險可以劃分為人員因素操作風險、流程操作風險、技術操作風險和外部操作風險四大類別。操作風險識別的主要方法包括自我評估法、損失事件數據因果分析方法和流程圖等。目前，國際先進銀行普遍運用自我評估法、損失事件數據因果分析方法，並開發相應的信息系統，成為提升操作風險管理水準不可或缺的重要基礎。

4. 流動性風險

流動性是企業獲取現金或現金等價物的一種能力，是企業經營過程中的生命力所在。當企業面對預期的和非預期的現金支出時，流動性可以使企業日常的經營活動得以正常運轉，而缺少充足的現金資源會危及企業活力，增加企業出現更嚴重的財務困境的可能性，甚至導致企業倒閉。那麼企業流動性風險就可定義為由於缺乏可獲取的現金和現金等價物而招致損失的風險。具體而言，企業流動性風險是由於企業不能在經濟上以比較合理的成本進行籌資，或者不能以帳面價值變賣或抵押資產以便償還預期或非預期的債務而招致損失的風險。因此，穩定合理的流動性水準是一個企業賴以生存的基石，是企業正常生產經營的保障，流動性風險管理對於企業的可持續發展有著重要意義。

1.3　風險管理概述

1.3.1　風險管理的定義

風險管理（Risk Management）起源於美國。在 20 世紀 50 年代早期和中期，美國大公司發生的重大損失使高層決策者認識到風險管理的重要性，其中的一次工業災難是（1953 年 8 月 12 日）通用汽車公司在密歇根州得佛尼的一個汽車變速箱工廠因火災損失了 5 000 萬美元，這曾是美國歷史上損失最為嚴重的 15 次重大火災之一。自從第二次世界大戰以來，長期的技術至上的信仰受到挑戰。當人們利用新的科學和技術知識來開發新的材料、工藝過程和產品時，也面臨著技術是否會破壞生態平衡的問題。由於社會、法律、經濟和技術的壓力，風險管理運動在美國迅速開展起來。

在過去的 60 餘年中，對企業的人員、財產和自然、財務資源的適當保護形成了一

門新的管理學科，這門學科在美國被稱為風險管理。在20世紀70年代，風險管理的概念、原理和實踐已從它的起源地美國傳播到加拿大和歐洲、亞洲、拉丁美洲的一些國家。中國在恢復國內保險業務後，也開始重視風險管理的研究，並翻譯和編寫出版了數本教材。國務院國資委制定的《中央企業全面風險管理指引》明確指出，企業應該結合自己的實際情況，編製風險評估、風險策略、風險監管及預警流程，明確風險管理目標、原則、內容和方法。

風險管理可以定義為有關純粹風險的管理決策，其中包括一些不可保的風險。處理投機性風險一般不屬於風險管理的範圍，它由企業中的其他管理部門負責。風險管理的本質是應用一般的管理原理去管理一個組織的資源或活動，並以合理的成本盡可能減少災害事故損失和它對組織及其環境的不利影響。

風險管理既是一門藝術也是一門科學，它提供系統的識別和衡量企業所面臨的損失風險的知識，以及對付這些風險的方法。但風險管理人員還在很大程度上依靠直覺判斷和演繹法做出決策，科學地使用數量方法的風險管理仍處在初級階段。在一些國家，專職的風險經理的職責範圍包括以下內容：

（1）識別和衡量風險，決定是否投保。如果決定投保，擬定免賠額、保險限額、辦理投保和安排索賠事務；如果決定自擔風險，則設計自保管理方案。

（2）損失管理工程。設計安全的機械系統操作程序，以防止或減輕災害事故造成的財產損失。

（3）安全保衛和防止雇員工傷事故。

（4）雇員福利計劃，包括安排和管理雇員團體人身保險。

（5）損失統計資料的記錄和分析。

從這些活動中可以看出，風險經理是企業經理隊伍中的重要一員。風險管理不該與保險相混淆，風險管理著重識別和衡量純粹風險，而保險只是對付純粹風險的一種方法。風險管理中的保險主要是從企業或家庭的角度講，怎樣購買保險，在現代風險管理計劃中也廣泛使用避免風險、損失管理、轉移風險和自擔風險等方法。如今，美國大多數大公司、政府單位和教育機構都有了自己的風險管理計劃。風險管理也不等同於安全管理，雖然安全管理或損失管理是風險管理的重要組成部分，但風險管理的過程包括在識別和衡量風險之後對風險管理方法進行選擇和決策。總之，風險管理的範圍大於保險和安全管理。

1.3.2 風險管理的目標

風險管理的目標可以分為損失發生之前的和損失發生之後兩種。

1. 損前目標

（1）經濟目標。企業應以最經濟的方法預防潛在的損失。這要求對安全計劃、保險以及防損技術的費用進行財務分析。

（2）減輕企業和個人對潛在損失的煩惱和憂慮。

（3）遵守和履行外界賦予企業的責任。例如，政府法規可以要求企業安裝安全設備以免發生工傷。同樣，一個企業的債權人可以要求貸款的抵押品必須被保險。

2. 損後目標

（1）企業生存。在損失發生之後，企業至少要在一段合理的時間內能恢復部分生產或經營。為了實現上述目標，風險管理人員必須識別風險衡量風險和選擇適當的對付損失風險的方法。

（2）保持企業經營的連續性。這對公用事業尤為重要，這些單位有義務提供不間斷的服務。

（3）收入穩定。保持企業經營的連續性便能實現收入穩定的目標，從而使企業保持生產持續增長。

（4）社會責任。盡可能減輕些受損對他人和整個社會的不利影響，因為企業遭受一次嚴重的損失會影響到員工、顧客、供貨人、債權人、稅務部門乃至整個社會的利益。

為了實現上述目標，風險管理人員必須識別風險、衡量風險和選擇適當的對付損失風險的方法，以最小的風險管理成本獲得最大的安全保障，從而實現經濟單位價值最大化。

1.3.3 風險管理的程序

風險管理的程序分為以下六個步驟：

（1）制訂風險管理計劃。制訂合理的風險管理計劃是風險管理的第一步，風險管理計劃的主要內容即是制定的風險管理的目標。

風險管理的主要內容如下：

①確定風險管理人員職責。風險管理計劃需要在計劃中列明風險管理人員和所涉及的各個部門人員的職責，並規定風險管理部門向上級和有關部門的報告制度。

②確定風險管理部門的內部組織結構。在規模小的企業裡，從事風險管理的人員也許只有一個人，但規模大的企業則要設置專職的風險管理部門。大型企業的風險管理部門的內部組織機構見圖 1-1。

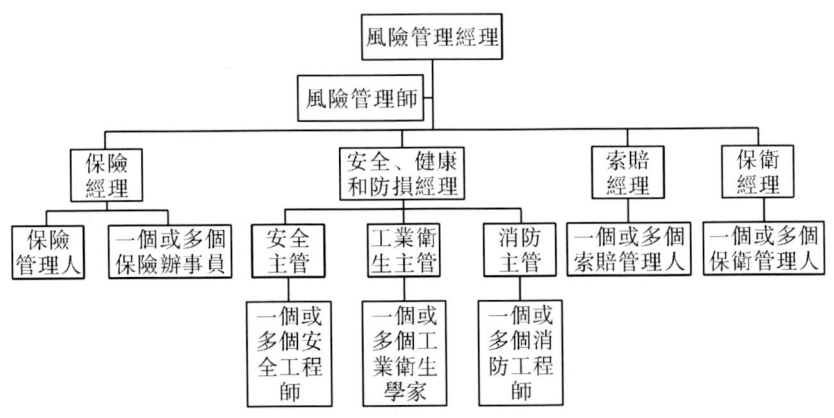

圖 1-1　大型企業風險管理部門的內部組織結構

③安排和其他部門統一協作的工作。風險管理工作涉及多個部門，比如，會計部門、數據處理部門、法律事務部門、人事部門、生產部門等。保持和各部門的良好合作，是風險管理計劃的重要內容。

④編製風險管理方針書。制訂出風險管理的主體計劃以後，確定風險管理業績標準以及調整措施，增加風險管理計劃的靈活性和適用性。

（2）風險識別。風險管理的第二步是識別企業所面臨的所有純粹損失風險。企業所面臨的潛在純粹損失風險類型多種，風險經理可以使用保險公司及保險出版機構提供的潛在損失核查清單來識別本企業所面臨的各種純粹風險。此外，還可以使用下列方法識別風險：

①對企業財產和生產經營進行定期或經常性的實地檢查，及時發現事故隱患。

②使用內容廣泛的風險分析徵求意見表，收集在生產和經營第一線人員對損失風險的意見。

③編製生產和經營的流程圖，分析每個環節中的潛在損失風險。現在的安全系統工程使用故障樹分析等方法詳細描述生產和經營過程中的事故因果關係，可用來進行定性和定量分析。

④使用財務報表以往的損失報告和統計資料識別重大的損失風險。例如，按會計科目分析重要資產的潛在損失及原因。

⑤請保險公司、保險代理人和經紀人提供風險評估諮詢服務，包括分析企業外部環境的風險因素。

（3）風險衡量。在識別損失風險之後，下一步是衡量損失風險對企業的影響。這包括衡量潛在的損失頻率和損失程度。損失頻率是指一定時期內損失可能發生的次數。損失程度是指每次損失可能的規模，即損失金額大小。在得不到精確資料的情況下，可以對損失頻率進行粗略估計，如分為：幾乎不會發生、不大可能發生、頻度適中、肯定發生。

對損失程度的衡量可分為每次事故造成的最大可能損失和每次事故造成的最大可信損失。最大可能損失是估計在最不利的情況下可能遭受的最大損失額。最大可信損失則是估計在通常情況下可能遭受的最大損失額，如考慮到消防設施等其他因素的火災損失。後者通常小於前者。最大可信損失對風險衡量很有價值，但是也最難估計。

風險經理必須估計每種損失風險類型的損失頻率和程度，並按其重要性分類排列。風險經理之所以要衡量潛在的風險是為了今後能選擇適當的對付損失風險的方法，損失頻率和程度不同的風險需要採用不同方法對付。與損失程度相比，損失頻率對損失程度的估計更為重要。損失頻率乘以平均的損失程度得出預計的平均損失總額，它可以用來與企業交付的保險費進行比較，為購買保險提供依據。

（4）風險決策。風險決策是指在衡量風險以後，風險經理必須選擇最適當的對付風險的方法或綜合方案。對付風險的方法分為兩大類：一類是改變風險的措施，如避免風險、損失管理、轉移風險；另一類是風險補償的籌資措施，對已發生的損失提供資金補償，如保險和包括自保方式在內的自擔風險。對付風險的主要方法有：

①避免風險。避免風險有兩種方式：一種是完全拒絕承擔風險，另一種是放棄原先承擔的風險。但避免風險的方法適用性很有限。首先，避免風險會使企業喪失從風險中可以取得的收益。其次，避免風險方法有時並不可行，例如，避免一切責任風險的唯一辦法是取消責任。最後，避免某一種風險可能會產生另一種風險，某企業以鐵路運輸代替航空運輸，只是將航運風險替代成了陸運風險。

②損失管理。損失管理計劃則分為防損計劃和減損計劃。防損計劃旨在減少損失發生的頻率或消除損失發生的可能性。減損計劃可再分為盡可能減少損失後果計劃和損後救助計劃，兩者均設法控制和減輕損失程度。有一些損失管理措施，既是防損措施又是減損措施。

損失管理是風險管理的一項重要職能，但企業的風險管理部門只是從事這方面活動的一個部門，也許只是一個商議或諮詢部門。大公司的安全委員會成員包括勞動管理、設備管理、安全管理、醫療部門、防火部門和風險管理部門的經理，由他們一起共同制定損失管理方針。

③非保險方式轉移風險。在風險管理中較為普遍使用的非保險方式轉移風險的方式有合同、租賃和轉移責任條款等。

④自擔風險。自擔風險是指企業使用自有資金或借入資金補償災害事故損失，可分為被動的和主動的，即無意識、無計劃的和有意識、有計劃的。企業的風險經理在決策時經常在保險和自然風險中進行選擇，當更有利於企業自擔風險的因素出現。比如，自擔風險的管理費用比保險公司的附加費用低、企業的財力在短期內能夠承受保險費的支付和損失賠償、企業有著高收益的投資機會或者企業內部具有自保和損失管理的優勢時，企業的風險經理往往會選擇自擔風險。至於企業自擔風險的水準則要根據其財務狀況、近年的損失資料以及保險費用而定。

自擔風險的財務補償方式可採用當年淨收入的直接補償、設立專用基金、借入資金以及建立專業自保公司。專業自保公司一般是由母公司為保險目的而設立和擁有的保險公司，它主要向母公司及其子公司提供保險服務。自保是自擔風險的特殊方式，其主要優點在於節省保險費開支，而主要不足之處在於可能遭受高於保險費支出的損失。

⑤保險。保險是一種轉移風險的方法，它把風險轉移給保險人。保險也是一種分攤風險和意外損失的方法，一旦發生意外損失，保險人就補償被保險人的損失，這實際上把少數人遭受的損失分攤給同險種中的所有投保人。由於少數投保人遭受的損失為同險種的所有投保人所分擔，所有投保人的平均損失就替代了個別投保人的實際損失。保險人一般承保純粹風險，然而並非所有的純粹風險都具有可保性。人身、財產和責任風險均能由保險公司承保，而市場、生產、財務和政治風險一般都不能由商業保險公司承保。

（5）風險監控和評價。在風險管理的決策貫徹和執行之後，就必須對其貫徹和執行情況進行檢查和評價。其理由有兩點：一是風險管理的過程是動態的，風險是在不斷變化的，新的風險會產生，原有的風險會消失，上一年度對付風險的方法，也許不

適用於下一年度。二是有時做出的風險管理的決策是錯誤的，這需要通過及時的監控檢查來加以發現，然後加以糾正。

對風險管理工作業績的檢查和評價有兩種標準。一是效果標準。例如，意外事故損失的頻率和程度下降，責任事故損失降低，風險管理部門經營管理費用減少，責任保險費率降低，因提高企業自擔風險水準而減少財產保險費用，這些都是效果標準。二是作業標準。它註重對風險管理部門工作的質量和數量的考核。應當綜合使用這兩種標準對風險管理工作進行業績檢查。確定了檢查和評價的標準後，就要把風險管理工作的實際結果與效果標準和作業標準加以比較，如果低於標準，就及時加以糾正或者調整標準。

2 風險的識別與分析

本章重點

1. 瞭解風險的形成機制。
2. 理解人們應對風險的兩類行為方式：風險偏好和風險迴避，以及衡量對待風險態度的兩種方法。
3. 重點掌握風險識別的七種方法。

2.1 風險形成的機制

1. 風險因素

風險因素是指促使和增加損失發生的頻率或嚴重程度的條件，它是事故發生的潛在原因，是造成損失的內在或間接原因。

根據風險因素的性質，可以將其分為有形風險因素和無形風險因素。有形風險因素是指直接影響事物物理功能的物理性風險因素。例如，建築物的結構及滅火設施的分佈等對於火災來說就屬於有形風險因素。而無形風險因素是指文化、習俗和生活態度等非物質的、影響損失發生可能性和受損程度的因素。無形風險因素主要與人的行為有關，所以也常將二者稱為人為風險因素。在對風險進行管理時，不僅要注意那些有形的危險，更要嚴密防範無形的風險隱患。

根據風險因素的來源，可以將其分為外部因素和內部因素。無數的外部和內部因素驅動著影響戰略執行和目標實現的事項。作為公司風險管理的一部分，管理當局應當認識到瞭解這些外部和內部因素以及由此可能產生的事項類型的重要性。外部因素及其相關事項主要包括：經濟因素、自然環境因素、政治因素、社會因素、技術因素等；而內部因素相關事項則主要包括基礎結構、人員、流程等。識別影響事項的外部和內部因素對於有效的事項識別是很有用的，一旦確定了起主要作用的因素，管理當局就能夠考慮他們的重要性，並且集中關注那些能夠影響目標實現的事項。

2. 風險事項

事項是源於內部或外部的影響戰略實施或目標實現的事故或事件。它可能帶來正面或負面影響，或者兩者兼而有之。而風險事項是造成風險損失的偶發事件，又稱風

險事件。

　　風險事項是造成損失的直接或外在的原因，它是使風險造成損失的可能性轉化為現實性以至引起損失結果的媒介，是從風險因素到風險損失的中間環節，風險只有通過風險事項的發生才有可能導致損失。例如汽車煞車失靈造成的車禍與人員損傷，其中煞車失靈是風險因素，車禍是風險事項。如果僅有煞車失靈而未發生車禍，就不會導致人員傷亡。又如，一段河堤年久失修，經不起洪水的衝擊，但如果這個區域沒有大暴雨也不會導致水災損失。除了識別主體層次的事項之外，還要識別活動層次的事項。這樣有助於將風險評估集中於主要的業務單元或職能機構，例如銷售、生產、行銷、技術開發以及研究與開發。

　　有時風險因素與風險事項很難區分，某一事件在一定條件下是風險因素，在另一條件下則為風險事項。如冰雹，使得路滑而發生車禍，造成人員傷亡，這時冰雹是風險因素，車禍是風險事項；若冰雹直接擊傷行人則它就是風險事項。因此，應當以導致損失的直接性與間接性來區分，導致損失的直接原因是風險事項，間接原因則為風險因素。

3. 風險損失

　　風險損失則是指非故意的、非預期的和非計劃的經濟價值的減少或消失。顯然，它包含兩方面的含義：一方面，損失是經濟損失，即必須能以貨幣來衡量；另一方面，損失是非故意、非預期和非計劃的。上述兩方面缺一不可。如折舊，雖然是經濟價格的減少，但它是固定資產自然而有計劃的經濟價值的減少，不符合第二個條件，不在這裡所討論的損失之列。

　　損失可以分為直接損失和間接損失兩種，前者指直接的、實質的損失，強調風險事項對標的本身所造成的破壞，是風險事項導致的初次效應；後者強調由於直接損失所引起的破壞，即風險事項的後續效應，包括額外費用損失和收入損失等。

　　風險本質上就是由風險因素、風險事項和風險損失三者構成的統一體，這三者之間存在著一種因果關係：風險因素增加可能產生風險事項，風險事項則引起損失。換句話說，風險事項是損失發生的直接與外在原因，風險因素為損失發生的間接與內在原因。三者的串聯構成了風險形成的全過程，對風險形成機制的分析，以及風險管理措施的安排都以此為基礎。

2.2　風險和人的行為

2.2.1　對待風險的態度和行為

　　風險影響著人們生活的方方面面，面對無所不在的風險，我們每個人都必須對自己的行為做出選擇。應對風險的方式多種多樣，例如，有些人自願承擔風險，選擇危險的職業；也有些人很少冒險，選擇穩定的工作，併購買保險。在保險的專業術語中，

上述兩類人分別被稱為風險偏好者和風險迴避者。簡而言之，對待風險的態度因人而異。各人應對風險均有自己的行為方式，這些行為方式沒有優劣對錯之分。同樣，用風險偏好者和風險迴避者來形容企業也是恰當的。一些銀行承擔的貸款風險比另一些銀行承擔的要高，一些石油公司在鑽井決策上比別的公司更傾向於冒險，一些出口商與那些高風險國家進行貿易，而另一些出口商卻不願與這些國家有貿易往來。

在風險管理中應該把個人行為和企業行為結合起來考察。例如，從個人角度出發，面對人身傷害風險時，個人必須決定是否使用保護設施，是否戴安全帽，是否使用安全屏障等。而從企業角度出發，企業不僅要考慮員工的人身傷害，還必須考慮企業全部的風險成本。

行為是人們的態度與所處環境相互作用的結果。如果環境允許我們做想要做的事，那麼我們的行為就能準確地反應態度。否則，環境可能引起人們的行為和態度不一致。就風險管理而言，我們可以設想一個對人們的態度不會產生太大影響的環境。不論發生什麼風險，我們都要以某種方式加以解決，因而預先確定人們面對風險採取何種態度是有意義的。如果我們能做到這一點，我們就可以避免將那些想要規避風險的人置於需要承擔風險的位置。

2.2.2　衡量對待風險的態度

根據衡量角度的不同，主要有兩種衡量對待風險的態度的方法。第一種方法是建立在標準賭博這一概念基礎上的，它從經濟上衡量對待風險的態度。第二種方法是指一些衡量技術，它們並不是從經濟的角度來衡量，更註重研究個人是如何認識風險的。對於風險管理來說，後一種方法可能更為重要。

1. 標準賭博衡量法

假定拋硬幣打賭：拋到硬幣正面，可贏得 40 元；拋到硬幣反面，則什麼也得不到。這是一個簡單的 50% 對 50% 的賭博，也即是贏得 40 元和什麼也得不到的概率各占一半。再假定現在用一筆錢來代替這個賭博。換句話說，要麼參與這個賭博，要麼獲得一筆錢，二者擇其一。問題是要放棄賭博，至少應獲得一筆多大數額的錢呢？對每個人來說都有一個特定的數額，接受這筆數額的錢和參加賭博對他們來說是無差別的。這筆數額即是賭博的等價物，通常被稱為確定等價物。

我們根據不同的人對同一個問題的回答所得出的確定等價物的數額把這些人進行歸類。除此以外，我們還可以估測出每個人在多大程度上背離了數學上的合理答案。這個數學上的或者客觀的正確答案是以期望值為基礎的。上例中，賭博的期望值為 20 元，也就是說 50% 的機會可贏得 40 元，另外 50% 的機會什麼也得不到，因此在長期內就可希望獲得 20 元。如果一個人願意接受的數額小於這個期望值，那麼他就更偏好於穩定，而如果一個人要求的數額大於這個期望值，那麼它就屬於風險承擔者。

2. 技術衡量法

標準賭博衡量法在風險管理中的運用是有限的，而技術衡量法對於風險管理就有更多的實踐指導意義。許多技術都是通過考察個人對某個事件發生的可能性的判斷，

來研究個人對風險的態度。例如，列舉各種可能致死的原因，要求人們判斷有多少人死於這些原因。這樣我們不僅可以發現哪些原因沒有得到正確的評價，還可以發現哪些人的估計不準確。分析比較員工所認為的意外事故的發生概率和實際的事故發生率，為安全工作或事故防範工作提供更適合的目標。

2.3　風險識別

2.3.1　風險分析概述

　　風險分析包含風險識別、風險衡量和風險管理多個方面的任務。首先，分析潛在的損失原因，不能僅局限於識別已知的損失原因，還要求對未知的損失原因進行分析。其次，分析已知損失原因與風險的關係。最後，分析評價風險對於整個組織的影響。風險分析的具體過程如圖2-1所示。

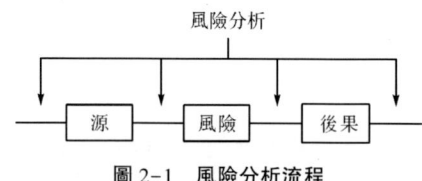

圖2-1　風險分析流程

　　風險分析可以分為三大部分：風險和人的行為、風險分析的方法和統計分析。分析人的行為特點主要是為了瞭解人們是如何應對風險的，再以不同的方式為其提供建議。進行風險分析的時候，風險經理不能脫離技術的幫助，包括定量分析方法以及定性分析方法等技術。在風險管理中，數字的運用也變得越來越重要。如何運用數據統計分析是一個現代風險管理經理的必要掌握技能。

　　研究風險分析的成本並且合理地安排成本也是十分重要的。風險分析的收益在於通過風險分析能夠發現那些尚未被識別的風險，並有助於敦促人們採取控制措施以減少損失，最終降低損失成本。但風險分析的收益並不能立竿見影，甚至在短期至中期內都難以見效。結果就是風險經理很難確定在什麼時候風險分析不再產生收益，而這個時候，在風險分析上每多花費一元錢實際意味著浪費。

　　如圖2-2所示，隨著風險分析成本的增加，風險分析的收益也由正值變成負值。控制好風險成本管理，確保風險分析在合理的財務範圍內進行是風險經理的重要職責。

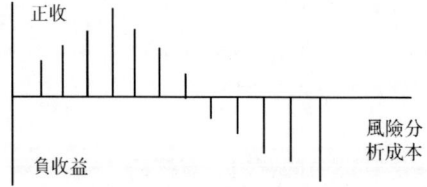

圖2-2　風險分析成本與收益關係

2.3.2 風險識別方法

特定的風險識別方法對一些企業比對另一些企業更有用。以流程圖為例，對一個涉及許多產品或原料在不同環節上流動的生產過程來說，流程圖是一個是合適的風險識別方法。而在一個不是以流動為主要特徵的地方，如辦公室，使用其他形式的風險識別工具可能會更好。風險識別的方法可以以不同的方式分類。按工作方式分類，可以分為案頭工作和現場調查工作；按時間先後分類，可以分為損前的風險識別和損後的風險識別；按分析的方式分類，可分為定量分析的風險識別和定性分析的風險識別。不論怎樣分類，關鍵問題都在於識別風險。

下面介紹幾種主要的風險識別方法。

1. 現場調查法

現場調查法是指風險管理部門、保險公司等方面的工作人員，就風險管理單位可能面臨的損失進行調查。風險管理人員親臨現場，通過直接觀察風險管理單位的設備設施操作和流程等，瞭解風險管理單位的生產經營活動和行為方式，調查其中存在的風險隱患。

現場調查法的實際做法靈活多樣，風險經理應確保採取合理的風險識別技術，以防遺漏某些重要事項。其中一種方法就是製作好調查項目表，在現場進行調查的同時對調查項目填寫表格或做記錄。這不僅為現場調查提供了指導，也節省了時間。同時，調查項目表的製作也應該參考過去的記錄，重點檢查是否存在仍然沒有解決的問題。

現場調查法優缺點明顯，其優點在於風險經理通過現場調查可以獲得第一手的資料，而不必依賴別人的報告。現場調查還有助於風險經理與基層人員以及車間負責人建立和維持良好的關係。缺點則是現場調查耗費時間多，這種時間成本抵減了現場調查的收益。而且，定期的現場調查可能使其他人忽視風險識別或者疲於應付調查工作。

2. 審核表調查法

一種可以代替現場調查的方法就是填寫審核表或其他形式的調查表。風險經理制定的審核表，既可以由工廠其他人員填寫，也可以在現場調查時由他親自填寫。在大多數情況下，審核表是由工作現場的人填寫，因此審核表的細節要清晰，內容要明確，以確保人們能準確地回答問題。另外，風險經理為了完善審核表，還需要請其他部門負責人提供指導意見。

審核表調查法的優點包括：第一，它是一種能獲取大量風險信息，且能進行成本核算的方法。與現場調查相比，它在時間和費用上都更為節省。第二，審核表調查法執行起來簡單迅速。第三，它有利於對企業進行逐年的有效的跟蹤監測。第四，審核表易於修改，其內容能隨企業的變動而調整，或考慮到審核表本身的改進而進行修訂。同時，其不足之處在於由於制定審核表的標準難以確定，可能造成描述不清，填寫不準確、不客觀，以及回復率低和難以控製表格完成的過程。

3. 組織結構圖示法

組織結構圖示法與審核調查法一樣，是一種以案頭工作方式為基礎的風險識別方

法。這些組織結構圖用於描述公司的活動及結構的不同組成部分。審核表調查法和現場調查法的目的在於識別實際的風險，而組織結構圖示法旨在描述風險發生的領域。從繪製企業的組織結構簡圖到描繪整個集團的組織結構，不僅僅是為了風險識別，還有助於認識複雜的集團組織結構。

組織結構圖示法結構清晰、層次分明，可以系統直觀地呈現企業整個組織架構的潛在風險，還可以揭示出潛在的由集中引起的風險。但組織結構圖示法缺點在於該方法旨在描述風險發生的領域，並未涉及識別具體的風險源，缺乏定量分析是它的一個缺點。

4. 流程圖法

流程圖法是一種識別公司面臨的潛在風險的常用方法。它可以用來描繪公司內任何形式的流程。比如產品流程、服務流程、財務會計流程、市場行銷流程、分配流程等。對風險經理來說，最重要的應該是生產流程。從生產流程圖中，風險經理可以看到原料的來源、加工、包裝、存儲、裝配、運輸等不同的生產階段和產品的最終銷路。繪製生產流程圖就是為了便於風險經理對每一個生產環節的風險因素、風險事故及可能的損失後果進行識別和分析。

流程圖法的優點是能把一個問題分成若干個可以進行管理的部分。雖然這是一件繁瑣的工作，但一旦一個大問題被割分成若干個小部分，工作就容易開展了。流程圖法可以使風險經理通過一幅圖就認識到整個生產過程，免去閱讀大量冗長的描述生產過程的文字資料，簡潔高效。缺點包括：首先，需要耗費大量的時間。從瞭解生產過程到繪製圖表需要相當多的時間，隨後還要對圖表進行解釋。其次，流程圖可能過於籠統，僅描述了整個生產過程，但它卻不能描述任何生產的細節，這就可能遺漏一些潛在風險。最後，流程圖無法對事故發生的可能性進行評估。

5. 危險因素和可行性研究

危險因素和可行性研究是項目計劃採取的風險識別的定性方法。它是從風險的角度對工廠的生產經營進行研究。遵循的原則是：將許多極端複雜的問題分解為可以處理的部分，然後對每一部分分別進行仔細研究，以發現所有與之相關的風險。整個研究過程主要解決四個問題：受檢部分的目的、與目的之間的偏差、偏差產生的原因及偏差產生的後果。

危險因素和可行性研究的優點在於：以一種廣闊的思路識別所有的風險，而極少會忽略任何重要事件；風險識別工作由小組共同完成，可以發揮集體的智慧；通過事先的組織安排，能對複雜系統的所有部分開展細緻的研究工作。缺點包括：一是所需花費時間很多，包括風險經理和小組其他成員的大量工作時間；二是為了畫出指導工作的圖表，必須將系統簡單化，這勢必會忽略某些風險。

6. 事故樹法

事故樹法最早是由美國貝爾電話實驗室在20世紀60年代研究空間項目時發明的，現在對這一領域的研究已經取得了長足的進展，廣泛應用於國民經濟各個部門。事故樹法用圖表來表示所有可能引起主要事件（事故）發生的次要事件（原因），揭示了

個別事件的組合可能會形成的潛在風險狀況。

事故樹法在風險識別時有突出的優點,包括對風險識別的結構方法、將複雜系統簡單化、對事故原因及影響的描繪等。但是,我們也應該看到該方法的缺點:一是同其他技術相同的缺點,即掌握該技術和使用其進行研究需要大量的時間。二是概率數據的偏差,如果概率數據不精確,那麼計算出的主要事件的發生概率就值得懷疑了。

7. 風險指數

風險指數是用具體的數值來表示風險程度的方法,最常用的是道氏火災與爆炸指數(簡稱道指)。它的基本原理是:衡量損失可能性並以數值表示出來,用於比較並對每年的變化進行管理。指數編製及分析的步驟主要有:首先,確定對火災影響最大或者最可能導致火災或爆炸的那些加工單位,分別計算出原材料系數;其次,考慮一些額外風險,主要指會擴大損失程度的因素,包括對原材料的處置和轉移、加工過程中化學反應的類型、傳送通道、排水裝置等。再次,將一般風險系數和特殊風險系數相乘得到單位風險系數。最後,引入損害系數的概念並考慮置信系數得到最終火災和爆炸指數。

在編製指數方面相關經驗十分重要,小組開展工作也是不可或缺的,但是指數方法並不能識別各個具體的風險,他只能衡量工廠活動所產生的可能的風險程度風險經理能使用指數對本公司那個工廠或車間進行比較,並對每年的變化進行管理。

3　風險統計和概率分析

本章重點

1. 運用統計和概率論知識進行風險統計分析。
2. 依據大量經驗數據計算事故概率。

3.1　風險的分析統計

在第二章中我們已討論了風險分析，它包括了風險識別，但比較偏重風險的定性分析。一旦風險被識別，我們就能掌握大量的信息用於統計和概率分析。本章討論風險統計和概率分析，介紹一些與風險管理相關的統計和概率的基本概念，然後用它們來分析一些實際問題。

3.1.1　收集數據

風險統計分析的第一步是收集數據。通常數據都是日常累積而非刻意收集的，只有在特殊情況下，風險經理才會從頭做起，決定收集什麼樣的信息。收集信息是十分重要的，假如沒有對事故發生期內的雇員傷亡情況做一定的記錄，就無法對其進行分析，同樣收集不必要的信息就是浪費時間。

收集數據的方法很多，在已進行風險管理的情況下，信息一般是已經存在的，很少需要風險經理另行設計收集數據的方法，風險經理需要做的只是對收集的數據格式做一些調整。以索賠信息為例，風險經理要確保索賠報告中除了滿足保險人所需的信息之外，也包括他本人可以用於分析的信息。

收集信息的表格設計十分重要。表格設計要注意以下幾點：

（1）表格必須包括所有的指示信息。這些指示信息包括說明使用表格的原因、目的及怎樣使用等。

（2）盡量避免模糊點。如果存在著模糊點，回答人可以根據自己的理解來做出回答，這樣的數據往往是沒有價值的。

（3）不要出現任何誘導性的問題。因為這樣的答案僅僅代表設計者的意願。

（4）表格應該盡量簡單。這樣既節省了填寫表格耗費的時間、精力，也保證了填

寫的精確性。

（5）明確信息分析的方式。通常數據都會記錄在計算機上，這樣大大提高了分析的速度，表格設計者必須據此以適當的方式收集數據。

3.1.2 數據的表示方法

（1）頻數分佈法。這是最簡單最普通的表示數據的方法，將數據進行簡單分組，然後得到各個區間的數據數。

（2）頻數分佈比較法。頻數分佈使我們對數據一目了然，當比較其他一些數據或者比較數據內的子項目時，該方法十分有效。

（3）相對頻數分佈法。它是在頻數分佈比較法基礎上用百分比來表示，更為直觀，數據更便於解釋。

（4）累積頻數分佈法。累積頻數的表示方法主要是以低於或高於一定數值的累積分佈來表示。

（5）直方圖、餅狀圖、柱狀圖和曲線圖等圖形法。通過數形結合，從統計圖中，能看出各組數據的特點，可進一步應用這些數據特點解決實際問題。通過整理數據，根據要求繪製統計圖，可進一步分析數據、做出決策。

3.1.3 數據的計量

我們已經探討了收集信息、表示信息的基本步驟，分析了一些實用的方法，每種方法都有其特殊的用途，使用者需根據目標確定使用什麼樣的方法。但表示數據時，我們並沒有對所掌握的數據進行計量，而是僅僅考慮以適當的方式表示數據。現在我們進行數據的計量，以發現隱藏在數據背後的信息。

我們將做一些計算，對數據進行整體的描繪。首先，要知道整個數據範圍，即數據所在的最小、最大值區間。其次，要瞭解數據的離散程度，緊密在某處或者分散在整個範圍；整體上趨於數據範圍的左端還是右端。所以我們至少要經過三次計量，才能對數據傳遞的信息有一個大致的瞭解，這三次計量分別是對數據的位置、離散性及偏態的計量。以下我們一一加以討論。

1. 位置的計量

計量位置的一般方法是平均形式表示數據。至少有三種平均形式，依次為平均數、中位數和眾數。

（1）平均數。我們對算術平均數是十分熟悉的，加總所有的變量值再除以變量個數即可。

計算算術平均數很簡單，但這裡面臨的一個問題是，我們無法取得所有變量的值，只能取得分組的頻數分佈。這時候通常的做法是，選取一組數的中點值來代表。但是這樣會與我們用原始數據算出的結果有一定的偏差。除了算術平均數，另一種是幾何平均數。幾何平均數是指 n 個觀察值連乘積的 n 次方根，適用於增長率這樣以百分比形式表示的數據。

使用平均數對數據的位置進行計量存在的第二個問題是，一些極大值或極小值會影響平均數。所以要尤其注意一些比其他的值大得多或小得多的值，並加以說明。

（2）中位數。中位數是處於順序數列中最中間的那個數。

在有奇數個數值的數列中，剩下50%的數比它小，50%的數比它大；在有偶數個數值的數列中，中位數為最中間的兩個數的中點值。中位數不易受分佈中極值的影響，因為只取中間值而不考慮任何極值的影響，這就是中位數的有效性。

使用中位數給數據定位比算術平均數更為精確，但是中位數並不適合所有的情況，如數列12，12，12，12，12，12，12，15，17，18，19，21，23，25。這裡算術平均數為16.12，中位數13.5。這裡有一半的數據是同一個數字，此時中位數對數據的描述則會出現偏差。

（3）眾數。上面的問題可以使用眾數解決。眾數是指數列中最普通的數字，是以典型數據代替平均數的方法。當很多工廠的事故數極高或極低時，算數平均數毫無意義。在這種情況下分佈稱為雙峰分佈，將有兩個眾數。

2. 衡量數據的離散性

確定數據所處的位置後，必須考慮該位置的離散性。最簡便的計量方法是離差，即計算最大和最小的數據值之間的差額。另一種更有價值的方法是標準差，它表示數據偏離算數平均數的程度。其公式為：

$$s = \sqrt{\frac{\sum (x_i - \bar{X})^2}{n}}$$

其中，s為標準差，n為數據個數，x為數據值，$\bar{X}$為數據算術平均數。

如果數據是分組的頻數的形式，則計算標準差的公式為：

$$s = \sqrt{\frac{\sum (x_i - \bar{X})^2 f}{n}}$$

其中，s為標準差，f為分組頻數，x為相應組數據。

我們知道，當兩組分佈平均數相等時，離散越大的組風險越大，離散程度的大小決定了分佈的風險程度。當平均數相等時，這種直接比較是可行的。當兩組分佈的平均數明顯不同時，平均數高的組其標準差也應該大，這是由於數值大，而不是離散程度大。在平均數不同的情況下，我們可以用標準差除以平均數的百分比來比較離散程度，這稱為變差系數。

3. 偏態

偏態是指非對稱分佈的偏斜狀態。當分佈有偏態時，即向左偏或者向右偏時，平均數與中位數就不會相等。當平均數與中位數一致，沒有偏態，稱為零偏態。當平均數大於中位數時，分佈聚集於低值區，分佈偏向右邊。

計算偏態的公式如下：

$$S = \frac{\frac{1}{n}\sum_{i=1}^{n}(x_i - \bar{x})^3}{\left(\frac{1}{n}\sum_{i=1}^{n}(x_i - \bar{x})^2\right)^{\frac{3}{2}}}$$

式中，S 表示偏度（無量綱）；i 表示第 i 個數值；$\bar{x}$ 表示平均值；n 是採樣數量。

3.2 概率的統計和分佈

衡量損失可能性大小是風險分析的一個重要方面。概率論就試圖為一個事件發生的可能性提供相匹配的數值，這個數值處於 0~1，不能大於 1 或者為負。概率為 0，表明事件不可能發生；概率為 1，則事件肯定發生。顯然，只有很少的事件是完全不可能發生或肯定發生的，大多數事件的發生概率都介於 0~1。一個事件的概率為 0.001，說明該事件只有千分之一的發生機會，很可能不發生；當概率為 0.95 時則表明很有可能發生。我們可以用這種方法對不同事件發生的可能性按其大小進行排序。

3.2.1 概率的計算方法

1. 先驗概率法

根據概率的古典定義用數學的分析方法進行計算得到的概率稱為先驗概率。先驗概率法易於理解，但最不具有實際操作性。先驗概率法的計算很簡單，只要用希望得到的結果除以事件發生的所有可能結果即可。但是用先驗概率法計算必須滿足兩個條件：一是所有事件發生的可能性都相同，二是所有可能的結果都是可知的。

但是，在實際經濟中，這兩個條件顯然是不現實的。首先，各種事件發生的可能性幾乎很少相等。一個風險經理要對某一家企業進行損失成本估計，不僅各種損失發生的概率是不相等的，而且同種類型的損失其發生的概率也是不同的。例如，嚴重的火災損失與輕微的火災損失的概率是不同的，前者較後者小。因此，當事件之間不具有相似性時，使用該種方法是不現實的。其次，在實際的風險管理中我們無法知道事件發生的所有可能的結果。例如，我們可以在一個期末計算出已經發生的火災次數，但無法預知未發生的火災次數，而可能發生的火災總數則包括了已經發生和可能發生但未發生的次數。

2. 經驗概率法

依據大量的經驗數據用統計的方法進行計算得出的概率稱為經驗概率。過去的類似事件的概率，對於現今及以後發生的事件的概率計算具有一定的借鑑意義。

但是，經驗概率法也存在問題，因為它需要有足夠多的數據，如果關於過去的事故記錄不存在或者不詳細，就無法使用經驗概率法，何況影響損失可能性的因素是逐年發生變化的。這種情況在新的化工或建築材料生產過程中很容易發生，因為新的化工或建築材料的生產不存在以往相關的工傷、疾病、火災等損失數據。

3. 主觀概率法

當歷史數據不精確或者不存在時，對事件發生的可能性可以嘗試主觀判斷，通過個人自己的判斷，或徵詢他人，得到相應的概率估計。在風險管理決策中，損失的概率分佈有時就是使用這種方法來估計的。

4. 複合概率

以上討論了計算概率的三種方法。在已經取得將來發生一個或多個事件的概率後需要以某種方式使用這些信息。在使用概率信息時，不同事件組合要遵循不同的計算規則。

主要有以下幾種不同的類型的事件：

（1）隨機事件。在一定的條件下可能發生也可能不發生的事件。

（2）等可能事件。通常一次實驗中的某一事件由基本事件組成。如果一次實驗中可能出現的結果有 n 個，即此實驗由 n 個基本事件組成，而且所有結果出現的可能性都相等。

（3）互斥事件。不可能同時發生的兩個事件。

（4）對立事件。必有一個發生的互斥事件。

（5）相互獨立事件。一個事件的發生不會影響另一個事件發生的概率。

根據不同的時間類型，我們可根據概率論知識使用不同的方法計算事件的複合概率。

區分事件類型，對我們計算複合事件概率十分重要。此外，概率樹也是用來說明複合事件的一個很好的工具。通過將各個可能性畫分支樹，所有樹的分支上的概率之和等於 1。

3.2.2 概率的分佈

概率分佈是顯示各種結果發生概率的函數，它可以用來描述損失原因所致各種損失發生可能性大小的分佈情況。根據損失的概率分佈情況，風險經理可以得到很多管理決策的依據。

做一次試驗，其結果有多種可能。每一種可能結果都可用一個數來表示，把這些數作為變量 x 的取值範圍，則試驗結果可用變量 x 來表示。如果表示試驗結果的變量 x，其可能取值至多為可列個，且以各種確定的概率取這些不同的值，則稱 x 為離散型隨機變量；如果表示試驗結果的變量 x，其可能取值為某範圍內的任何數值，且 x 在其取值範圍內的任一區間中取值時，其概率是確定的，則稱 x 為連續型隨機變量。

常見的離散型隨機變量的分佈有單點分佈、兩點分佈、正態分佈、二項分佈、幾何分佈、負二項分佈、超幾何分佈、泊松分佈等；而正態分佈則是典型的連續型隨機變量的分佈。雖然這些分佈均為理論分佈，事實上，一些實際情況幾乎能與理論情況相匹配，從而可以根據實際情況去進行選擇。

正態分佈屬於連續型概率分佈。例如，英國絕大多數成年男性的身高都差不多，相差在 15 厘米左右，很少有過高或過矮的人。可以將這種情況畫成分佈圖，如圖 3-1 所示。

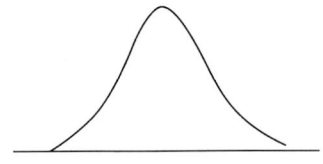

圖 3-1　正態分佈圖

　　這是正態分佈的基本形狀，絕大多數人的身高都差不多，在兩端過高過矮的人較少，呈鐘形，在均值左右對稱分佈。眾數、中位數和平均值均重合。但是，正態分佈也需要根據主要參數（均值和標準差）來選擇，對於不同的參數，正態分佈圖形有平有陡，不同的參數適用於不同的問題。在運用過程中，我們往往將其標準化。

　　正態分佈標準化的計算公式（其中 x 為具體的數值，μ 為均值，σ 為標準差），然後通過查閱標準正態分佈統計表得到其概率。

　　在實際的風險管理中，離散型分佈還是十分常見的。我們主要以二項分佈為例來討論離散型變量的理論分佈。二項分佈需要滿足三個前提條件：其一，只有兩種結果，如成功或失敗，事故或無事故，火災或無火災；其二，各個事件相互獨立，即一個事件發生並不影響其他事件的發生概率；其三，事件發生的概率不隨時間等情況的變化而變化。和正態分佈的均值與標準差類似，二項分佈使用參數 n 和 p，n 為試驗次數，p 為成功的概率。二項分佈指出，隨機一次試驗出現的概率如果為 p，那麼在 n 次試驗中出現 k 次的概率為：

$$P(X=k)=C_n^k p^k(1-p)^{n-k}, \quad k=0,1,2,\cdots,n$$

此時稱隨機變量 X 服從二項分佈，記作 $X \sim B(n,p)$，並稱 p 為成功概率。

　　若將二項分佈畫直方圖，可以發現，當 n 變大，分佈變陡；當 n 越來越大，分佈將越來越趨向於對稱圖形，最終將十分接近於鐘形的正態分佈。至於另一個參數 p，即事件的概率。同樣，我們使用改變參數畫直方圖的形式，可以發現概率的變化僅僅影響分佈的形狀。低的事故率將導致正偏，而高的事故率將會出現負偏。

4　風險管理措施

本章重點

1. 理解風險迴避、損失控制的目標。
2. 使用控制型、融資型風險管理技術解決實際問題。
3. 掌握內部風險抑制的使用技術。
4. 瞭解企業的內部控制的主體內容。
5. 瞭解風險管理信息系統。

4.1　風險管理措施概述

根據風險評估的結果，本著增加公司價值的目標，公司風險管理需要設計、選擇恰當的風險管理措施組合。風險管理措施又稱為風險管理，是指公司根據自身條件和外部環境，圍繞公司發展戰略，確定風險偏好、風險承受度、風險管理的有效性標準，選擇風險承擔、風險規避、風險轉移、風險轉換、風險對沖、風險補償、風險控制等適當的風險管理工具的總體措施，並確定風險管理所需人力和財力資源的配置原則。

在評估了相關的風險之後，風險管理者就要選擇相應的應對方案措施，主要包括風險的迴避、降低、分擔和承受。在考慮應對方案的過程中，管理者應評估風險管理措施的實施效果以及成本效益，選擇能夠使剩餘風險處於期望的風險容限以內的應對方案措施。管理者識別所有可能存在的機會，從主體範圍或組合的角度去認識風險，以確定總體剩餘風險是否在主體的風險容量之內。這就是風險管理規劃。

4.1.1　風險管理措施的分類

風險管理措施可以歸納為3大類11種，如圖4-1所示。

1. 控制型風險管理措施

控制型風險管理措施是通過避免、消除和減少意外事故發生的機會以及控制損失幅度來減少期望損失成本。控制型風險管理措施主要包括風險迴避、損失控制（降低）和控制型風險轉移（分擔）。

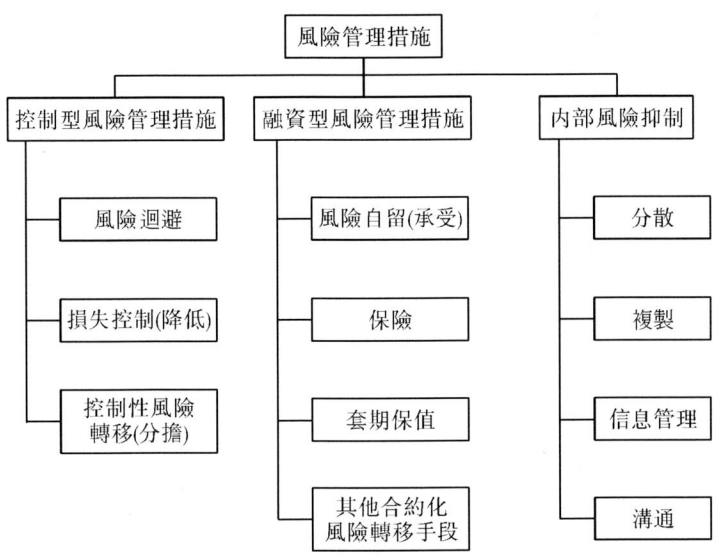

圖 4-1　風險管理措施

風險迴避就是退出會產生風險的活動。風險迴避可能包括退出一條產品線、拒絕向一個新的地區市場拓展，或者賣掉一個分部等。損失控制就是採取措施降低風險的可能性或影響，或者同時降低兩者。它幾乎涉及各種日常的經營決策。控制型風險轉移就是通過轉移來降低風險的可能性或影響，或者分擔一部分風險。常見的技術包括購買保險產品、從事避險交易或外包一項業務活動。

2. 融資型風險管理措施

融資型風險管理措施的著眼點在於風險損失一旦發生後，獲得用於彌補損失的資金，其核心在於將消除和減少風險的成本分攤在一定時期內，以避免因隨機的巨大損失發生而引起財務上的波動。其中，風險自留（承受）是指不採取任何措施去干預風險的可能性或影響，將風險的影響在公司內部的財務上分攤。而保險、套期保值和其他合約化風險轉移手段更多的是將風險轉移給他方。

3. 內部風險抑制

控制型風險管理措施和融資型風險管理措施都是從降低期望損失的角度來控制風險的，而內部風險抑制的作用在於降低未來結果的變動程度，即降低方差，這使得風險管理者對未來的判斷更有把握。

對於重大風險，公司通常要根據風險的類型和成因，從一系列應對方案中選擇適當的風險管理策略組合，來控制和防範對應的風險。一般情況下，對戰略、財務、營運和法律風險可採取風險承擔、風險規避、風險轉移、風險控制等方法。對能夠通過保險、期貨、對沖等金融手段進行管理的風險，可以採用風險轉移、風險對沖、風險補償等方法。迴避應對方案意味著所確定的應對方案都不能把風險的影響和可能性降低到一個可接受的水準，降低和分擔應對方案把剩餘風險降低到與期望的風險容限相

協調的水準，而承受應對方案則表明固有風險已經在風險容限之內。

在實踐中，風險管理者通常將各種風險管理措施進行一定的優化組合，使得在成本最小的情況下達到最佳的風險管理效果。對於許多風險而言，適當的應對方案是很明顯的和很好接受的。例如，對於不能計算可利用性的風險，一個典型的應對方案就是實施一項業務持續性計劃。對於其他的風險，可採用的方案可能不那麼明顯，且需要調查和分析。例如，對於降低競爭者在品牌價值方面活動的影響的應對方案可能需要管理當局進行市場調研和分析。

在確定風險管理的過程中，風險管理者應該考慮以下幾個方面的問題：

（1）潛在應對方案措施對風險的可能性和影響的效果，以及哪個應對方案與主體的風險容限相協調。

（2）潛在應對方案措施的成本與效益。

（3）除了應付具體的風險之外，實現主體目標可能的機會。

（4）對於重大風險，主體通常從一系列應對方案中考慮潛在的應對方案，它使應對方案的選擇更具深度，並且對現狀提出了挑戰。

4.1.2 評價應對方案以及實施成本的評估

分析固有風險和評價應對方案的目的在於使剩餘風險水準與主體的風險容限相協調。通常，任何一個應對方案都將帶來與風險容限相一致的剩餘風險，而有時應對方案的組合能帶來最優效果。在分析應對方案的過程中，管理者可以考慮過去的事項和趨勢以及潛在的未來情景。在評價備選的應對方案時，管理者通常要利用與衡量相關目標相同的或適合的計量單位。

公司應根據不同業務特點統一確定風險偏好和風險承受度，即公司願意承擔哪些風險，明確風險的最低限度和不能超過的最高限度，並據此確定風險的預警線及相應的對策。確定風險偏好和風險承受度時，要正確認識和把握風險與收益的平衡，防止和糾正忽視風險，片面追求收益而不講條件、範圍，認為風險越大收益越高的觀念和做法；同時也要防止單純為規避風險而放棄發展機遇的做法。這樣，在確定風險評價管理措施之後，公司管理者可以對單個風險和應對方案措施以及他們的相應容限的一致性有一個合理的評價。

公司應定期總結和分析已制定的風險管理措施的有效性和合理性，並結合實際不斷修訂和完善。其中，公司應重點檢查風險偏好、風險承受度和風險控制預警線實施的結果是否有效，並提出定性和定量的有效性標準。

資源總是有限的，因而主體必須考慮選備風險管理方案的相關實施成本與效益。這些成本要對照它們所創造的收益來衡量。設計和實施一個應對方案（過程、人和技術）的初始成本要考慮，維持應對方案的成本也要考慮。

成本和相應的收益可以定量或定性地度量，使用的度量單位通常與確定相關目標和風險容限所使用的一致。對實施風險管理所做的成本與效益計量的精確度水準各不相同。一般來說，處理方程式的成本計量比較容易，在很多情況下可以非常精確地予

以量化。主體通常要考慮與開展一項應對方案相關的所有直接成本，以及可以實際計量的間接成本。與使用資源相關的機會成本偶爾也會納入考慮的範圍。

主體在某些情況下很難量化風險管理的成本。量化的挑戰來自估計與一個特定應對方案相關的時間和效果，如獲取有關客戶偏好的變化、競爭者的行動等市場信息或其他外部生成的信息就是這種情況。

效益通常涉及更多的主觀評價。例如，有效培訓計劃的效益一般很明顯，但是難以量化。然而在許多情況下，一項風險管理的效益可以在與實現相關目標有關的效益的背景下予以評價。

在考慮成本-效益關係時，把風險看作是相互關聯的，有助於管理者匯集和降低主體的風險，制度風險分擔應對方案。舉例來說，在通過保險分擔風險時，管理者把風險組合到一個險種之下可能是有利的，因為把組合後的風險投保到一個財務協議之下通常可以降低定價。

4.2 控制型風險管理措施

控制型風險管理措施是指在風險分析的基礎上，針對企業存在的風險因素，積極採取控制技術以消除風險因素，或減少風險因素的危險性。

4.2.1 控制型風險管理措施的目標

在風險成本最低的前提下，控制型風險管理技術的目標分為兩種：
（1）在事故發生前，降低事故的發生概率。
（2）在事故發生時，控制損失繼續擴大，將損失減少到最低限度。

這兩個目標都是為了改變組織的風險暴露狀況，從而幫助組織迴避風險，減少損失，在風險發生時努力降低風險對組織的負面影響。這個目標在實踐過程中可以用圖 4-2 所示的鏈式過程來說明。

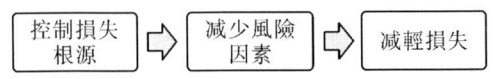

圖 4-2 風險管理目標過程

這個鏈式過程遵循了「發生」「發展」「結果」的順序。首先，控制損失根源著眼於損失發生的最根本原因，意在從損失的源頭入手進行控制。如在建築物建設時就增加其防火性能，在汽車設計時就考慮其必要的減震系統等。其次，除了損失根源之外，可以減少已有的風險因素。如強調對可能受損的標的物進行持續檢查，監督員工遵守安全規章制度等。最後，如果損失根源和風險因素都沒有控制住，風險事故發生了，還可以做一項工作，就是減輕損失，如準備必要的器械和設備、快速有序的現場反應等。

4.2.2 風險迴避和損失控制

風險迴避是指有意識地迴避某種特定風險的行為。風險迴避是最徹底的風險管理措施，它使得風險降為零。其方法主要有兩種：

（1）放棄或終止某項活動的實施。
（2）繼續該項活動，但改變活動的性質。

簡單的風險迴避是一種最消極的風險處理辦法，因為投資者在放棄風險行為的同時，往往也放棄了潛在的目標收益。所以一般只有在以下情況下才會採用這種方法：

（1）投資主體對風險極端厭惡。
（2）存在可實現同樣目標的其他方案，其風險更低。
（3）投資主體無能力消除或轉移風險。
（4）投資主體無能力承擔該風險，或承擔風險得不到足夠的補償。

損失控制不是放棄風險，而是制定計劃和採取措施降低損失的可能性或者是減少實際損失程度。降低損失的可能性即降低損失頻率稱為損失預防，減少損失程度稱為損失減少，也有的措施同時具有預防和損失減少的作用。

1. 損失預防

損失預防系指採取各種預防措施以杜絕損失發生的可能。例如，房屋建造者通過改變建築用料以防止用料不當而倒塌；供應商通過擴大供應渠道以避免貨物滯銷；承包商通過提高質量控制標準以防止因質量不合格而返工或罰款；生產管理人員通過加強安全教育和強化安全措施，減少事故發生的機會；等等。在商業交易中，交易的各方都把損失預防作為重要事項。業主要求承包商出具各種保函就是為了防止承包商不履約或履約不力；而承包商要求在合同條款中賦予其索賠權利也是為了防止業主違約或發生種種不測事件。

2. 損失減少

損失減少系指在風險損失已經不可避免地發生的情況下，通過種種措施以遏制損失繼續惡化或局限其擴展範圍使其不再蔓延或擴展，也就是說使損失局部化。例如，承包商在業主付款誤期超過合同規定期限情況下採取停工，或撤出隊伍並提出索賠要求甚至提起訴訟；業主在確信某承包商無力繼續實施其委託的工程時立即撤換承包商；施工事故發生後採取緊急救護；安裝火災警報系統；投資商控制內部核算；制定種種資金運籌方案等。

4.2.3 控制型風險轉移

風險轉移是風險控制的另一種手段。經營實踐中有些風險無法通過上述手段進行有效控制，經營者只好採取轉移手段以保護自己。風險轉移並非損失轉嫁。這種手段也不能被認為是損人利己，有損商業道德，因為有許多風險對一些人的確可能造成損失，但轉移後並不一定同樣給他人造成損失。其原因是各人的優劣勢不一樣，因而對風險的承受能力也不一樣。

風險轉移的手段常用於工程承包中的分包和轉包、技術轉讓或財產出租。合同、技術或財產的所有人通過分包或轉包工程、轉讓技術或合同、出租設備或房屋等手段將應由其自身全部承擔的風險部分或全部轉移至他人，從而減輕自身的風險壓力。

4.3 融資型風險管理措施

控制型措施都屬於防患於未然的方法，目的是避免損失的發生。但由於現實性和經濟性等原因，在很多情況下，人們對風險的預測不可能絕對準確，而損失控制措施也無法解決所有的風險問題。因此，某些風險事故的損失後果仍不可避免，這就需要融資型措施來處理。與控制型措施的事前防範不同，融資型風險管理的目的在於通過事故發生前所做的財務安排，使得在損失一旦發生後能夠及時獲取資金以彌補損失，從而為恢復正常經濟活動和經濟發展提供財務基礎。融資型措施的著眼點在於事後的補償。融資型風險轉移與控制型風險轉移最大的區別在於：控制型風險轉移將承擔損失的法律責任轉移了出去；而融資型風險轉移只是將損失的經濟後果轉移給他人承擔，法律責任並沒有轉移，一旦接受方沒有能力支付損失，損失最終還要由轉移方支付。

根據資金的來源不同，融資型措施可以分為風險自留措施和風險轉移措施兩類，風險自留措施的資金來自公司內部，風險轉移措施的資金來自公司外部。保險和套期保值是兩類重要的融資型風險轉移措施，分別應對可保的純粹風險和投機風險。

4.3.1 風險自留

風險自留也稱為風險承擔，是指企業自己非理性或理性地主動承擔風險，即一個企業以其內部的資源來彌補損失。它和保險同為企業在發生損失後主要的籌資方式，是重要的風險管理手段。

風險自留既可以是有計劃的，也可以是無計劃的。

無計劃的風險自留產生於以下幾種情況：

（1）風險部位沒有被發現。

（2）不足額投保。

（3）保險公司或者第三方未能按照合同的約定來補償損失，比如償付能力不足等原因。

（4）原本想以非保險的方式將風險轉移至第三方，但發生的損失卻不包括在合同的條款中。

（5）由於某種危險發生的概率極小而被忽視。

在這些情況下，一旦損失發生，企業必須以其內部的資源（自有資金或者借入資金）來加以補償。如果該組織無法籌集到足夠的資金，則只能停業。因此，準確地說，非計劃的風險自留不能稱為一種風險管理的措施。

有計劃的風險自留也可以稱為自保。自保是一種重要的風險管理手段。它是風險

管理者察覺了風險的存在，估計到了該風險造成的期望損失，決定以其內部的資源（自有資金或借入資金），來對損失加以彌補的措施。在有計劃的風險自留中，對損失的處理有許多種方法，有的會立即將其從現金流量中扣除，有的則將損失在較長的一段時間內進行分攤，以減輕對單個財務年度的衝擊。

風險自留的具體措施主要有以下幾方面：

（1）將損失攤入經營成本。很多自留財產損失和責任損失的決定都不包括任何正式的預備基金。損失發生後，組織只是簡單地承受這種損失，將損失計入當期損益，攤入經營成本。

這種方法能最大限度地減少管理細節，但是如果損失在不同年度裡波動很大，那麼較大的損失會使企業陷入困境。企業可能被迫在不利的情況下變賣資產，以便獲得現金來補償損失。此外，企業的損益狀況也有可能發生劇烈波動。顯然這種方法只適用於那些損失概率高但是損失程度較小的風險，企業可以通過風險識別將這些風險損失直接計入預算。

（2）建立意外損失基金。意外損失基金的建立可以採取一次性轉移一筆資金的方式，也可以採取定期注入資金長期累積的方式。企業願意提取意外損失基金的額度，取決於其現有的變現準備金的大小，以及它的機會成本。企業每年能負擔多少意外損失基金，則取決於其年現金流的情況。

建立意外損失基金的方法能夠積聚較多的資金儲備，因而能自留更多的風險。但是，它有一個不足之處：按照稅務和財務法規，損失費用不可預先扣除，除非損失實際已經發生，而向保險公司繳付保險費卻是稅前列支。建立此項基金的財源一般是稅後的淨收入。這一缺陷也說明了為什麼許多大公司要設立自己的專業自保公司。

（3）借入資金。風險事故發生後，企業可以通過借款以彌補事故損失造成的資金缺口。企業某部門受損，可以向企業或企業其他部門求得內部借款，以解燃眉之急，這樣會有一定困難。即使借貸成功，由於需求的迫切，也將導致利率提高或其他苛刻的貸款條件。當意外損失發生後，企業無法依靠內部資金度過財務危機時，企業可以向銀行尋求特別貸款或從其他渠道融資。由於風險事故的突發性和損失的不確定性，企業也可以在風險事故發生前，與銀行達成一項應急貸款協議，一旦風險事故發生，企業可以獲得及時的貸款應急，並按協議約定條件還款。

（4）專業自保公司。專業自保公司是企業（母公司）自己設立的保險公司，旨在對本企業、附屬企業以及其他企業的風險進行保險或再保險安排。中國石化總公司試行的「安全生產保證基金」算是中國大型企業第一個專業自保公司的雛形。

建立專業的自保公司主要基於以下原因：

①保險成本降低，收益增加。專業自保公司由於可以不通過代理人和經紀人展業，節約了大筆的佣金和管理費用，其保險費率與本公司或行業內部的實際損失率比較接近，因而可以節省保險費開支。優於其他自保方式的一個因素是，向專業自保公司繳付的保險費可從公司應稅收入中扣除。

②承保彈性增大。傳統保險的保險責任範圍不充分，保險公司僅承保可保風險，

其風險範圍不能涵蓋企業面臨的所有風險，不能滿足被保險企業多樣化的需要，而專業自保公司更易於瞭解客戶面臨的風險類別和特性，可以根據自己的需要擴大保險責任範圍、提高保險限額，可根據自身情況採取更為靈活的經營方略，開發有利於投保人長期利益的保險險種和保險項目。

③可使用再保險來分散風險。許多再保險公司只與保險公司做交易。通過設立專業自保公司可以使企業直接進入再保險市場，以此分散風險，擴大自己的承保能力，有剩餘承保能力的還可以接受分保。

4.3.2 合同融資型風險轉移措施

除了保險、套期保值這些比較常用的風險轉移措施之外，還有一些基於合同的融資型風險轉移方式。

財務租賃合同就是一種合同融資型風險轉移措施。在財產租賃合同中，出租人和承租人經常會在出租物的質量責任、維修保養責任和損壞責任等問題上產生糾紛。為了轉移此類責任風險，出租人可以根據承租人的租賃要求和選擇，出資向供貨商購買出租物，並租給承租人使用，承租人支付租金，並可在租賃期屆滿時，取得租賃物的所有權、續租或者退租，這就是財務租賃合同。

在實踐中，大多數融資租賃交易均把承租人留購租賃物作為交易的條件。這是因為出租人購買租賃物的目的，並不是要取得租賃物的所有權，而在於通過向承租人融通資金來獲得利潤。其之所以在租賃期間要保留租賃物的所有權，主要是為擔保能取得承租人支付的租金，收回投資。租賃期滿，出租人無保留租賃物的必要，而租賃物對承租人仍有價值。而且，對承租人來說，雖然承擔了風險，但可以從其他渠道取得資金以保證正常經營。

4.4 內部風險抑制

評價風險大小最主要的兩個方面：一個是損失期望值，另一個是損失方差。前面所述的控制型風險管理措施和融資型風險管理措施都在從不同角度影響損失期望值，而內部風險抑制的目的在於降低損失方差。

內部風險抑制措施主要包括分散、複製、信息管理和風險交流等。

4.4.1 分散

分散是指公司把經營活動分散以降低整個公司損失的方差，體現為公司的跨行業或跨地區經營、風險在各風險單元間轉移或將具有不同相關性的風險集中起來。其理論基礎就是馬科維茨的資產組合理論，主要是指通過多樣化的投資來分散和降低風險的方法。

馬柯維茨的資產組合管理理論認為，只要兩種資產收益率的相關係數不為1（即完

全正相關），分散投資於兩種資產就具有降低風險的作用。而對於由相互獨立的多種資產組成的資產組合，只要組成資產的個數足夠多，其非系統性風險就可以通過這種分散化的投資完全消除。資產放在不同的投資項目上，例如，股票、債券、貨幣市場，或者是基金，可把風險分散。投資分散於幾個領域而不是集中在特定證券上，這樣可以防止一種證券價格不斷下跌時帶來的金融風險。

4.4.2　複製

複製主要指備用財產、備用人力、備用計劃的準備以及重要文件檔案的複製。當原有財產、人員、資料及計劃失效時，這些備用措施就會派上用場。例如在「9/11」事件中，位於世貿大樓內的一家公司由於在其他地方設有數據備份站，可以即時備份數據，所以，當大樓倒塌，樓內辦公室裡所有電腦設備和文字材料都損毀後，公司的信息資料並未遭到太大損失。

4.4.3　信息管理

企業的風險信息種類繁多、數量巨大，必須經過一個合理的管理過程來篩選、提煉、分析，以保障風險信息的高質量，最終為各級決策所用。按照一般的信息管理流程，風險信息的管理可分為收集整理、加工處理、傳遞和更新等幾個階段。

總結風險信息的內容以及風險信息管理的過程，還有幾個建議值得企業在實施過程中加以關注：

（1）應逐步累積，建設並不斷完善風險信息庫。風險是未來的不確定性，但預測未來比判斷現狀困難百倍，不論是進行定性判斷還是應用數量模型進行定量預測，較為理性和準確的分析有賴深厚的信息基礎，以及在此基礎上建立的豐富經驗。

（2）應明確風險信息管理的職能設置，企業應將風險信息管理的職責分工落實到各個有關職能部門和業務單元，並對不同層級的崗位設置不同的信息處理和管理決策權限。

（3）應分配相當的資源建設和完善風險管理信息系統，統一風險信息管理的平臺，達到相關職能機構信息的及時共享，以提高管理效率、減低決策成本，同時注意與現有管理和業務信息系統的銜接，避免衝突和浪費。

4.4.4　風險交流

在風險管理領域，風險交流是新近被認識到的，它是指公司內部傳遞風險和不確定結果及處理方式等方面信息的過程。

風險交流一般具有五個特徵：

（1）一般的「聽眾」不瞭解風險管理的基本概念和基本原則。

（2）即使給一般的員工介紹風險管理，仍然有很多方面過於複雜，員工難以理解。

（3）理解風險經理提出的問題往往需要一定的專業知識，這對其他經理來說是一個挑戰。

（4）人們對風險管理的態度非常主觀。
（5）很多人常常低估風險管理的重要性。
風險經理進行交流的內容和結構應當反應以上這些特徵。

4.4.5　全面風險抑制

分解式抑制會增加風險抑制成本。公司應該圍繞具有總體性的財務變量開展全面風險抑制活動，如收益、現金流或應稅收入等。

總體性財務變量的風險可以通過兩種方式來降低：一是針對總體性變量開展抑制活動；二是針對構成總體財務變量的各個要素的風險開展針對性風險抑制活動。

4.5　企業內部控制制度

內部控制是指企業為了保證公司戰略目標的實現，而對公司戰略制定和經營活動中存在的風險予以管理的相關制度安排。它是由公司董事會、管理層及全體員工共同參與的一項活動。

企業內部控制制度劃分為內部管理控制制度與內部會計控制制度兩大類。內部管理控制制度是指那些對會計業務、會計記錄和會計報表的可靠性沒有直接影響的內部控制。例如，企業單位的內部人事管理、技術管理等，就屬於內部管理控制。內部會計控制制度是指那些對會計業務、會計記錄和會計報表的可靠性有直接影響的內部控制。例如，由無權經管現金和簽發支票的第三者每月編製銀行存款調節表，就是一種內部會計控制。通過這種控制，可提高現金交易的會計業務、會計記錄和會計報表的可靠性。

企業單位制定內部控制制度的基本目的在於：保證組織機構經濟活動的正常運轉，保護企業資產的安全、完整與有效運用，提高經濟核算（包括會計核算、統計核算和業務核算）的正確性與可靠性，推動與考核企業單位各項方針、政策的貫徹執行，評價企業的經濟效益，提高企業經營管理水準。尤其需要指出的是，企業財務管理系統電算化已經普及，但計算機信息失控、破壞情況日趨嚴重，從而造成責任不明、相互推卸等問題，其關鍵在於計算機核算軟件存在著密碼缺乏牽制性，常用的密碼設置方法已不適應電算化會計信息系統的管理和發展，所以財務管理電算化應提高會計信息的保密程度，避免信息泄漏及對實體信息破壞。內部控制貫穿於企業經營管理活動的各個方面，只要企業存在經濟活動和經營管理，就需要加強內部控制，建立相應的內部控制制度。

4.5.1　內部控制制度應規範的內容

在建立社會主義市場經濟體制和深化會計改革過程中，企業在遵守會計準則的基礎上，應以本單位會計工作實際出發，建立健全和強化自身合理的會計政策和會計控

制制度。對這些會計政策和會計控制制度，應做出書面文字規定，這樣，不僅有利於企業有關人員瞭解處理日常會計事項的政策和方法，也有利於企業會計政策的前後連貫。

1. 明確規定處理各種經濟業務的職責分工和程序方法

企業要健全和強化內部組織機構，它是企業經濟活動進行計劃、指揮和控制的組織基礎，其核心問題是合理的職責分工。在一般情況下，處理每項經濟業務的全過程，或者在全過程的某幾個重要環節都規定要由兩個部門或兩個以上部門、兩名或兩名以上工作人員分工負責，起到相互制約的作用。如匯出一筆採購貨款，規定要由採購經辦人填寫請款單，供應計劃員（或供應部門負責人）審查請款數額、內容及收款單位是否符合合同和計劃，會計員審核請款單的內容並核對採購預算後編製付款憑證，最後由出納員憑手續完整的付款憑證辦理匯款結算（出納員開出匯款結算憑證，還要通過會計員審核），前後須經四人分工負責處理。而採購匯款的報帳業務，則規定要經過採購經辦人填寫報帳單、貨物提運人員提貨、倉庫保管員驗收數量、檢查員驗收質量，以及會計員審核發票、帳單及驗收憑證，編製轉帳憑證報銷。

2. 明確資產記錄與保管的分工

規定管錢、管物、管帳人員的相互制約關係，旨在保護資產的安全完整。如出納員不得兼管稽核，會計檔案保管和收入、費用、債權債務帳目的登記工作；銀行票據的簽發印鑒，必須有兩人分別掌管；向銀行提取較大數額現金時，必須由兩人以上，對領款、點驗安全入庫的全過程共同負責；倉庫材料明細帳要設專人稽核或另設記帳員記帳；管錢、管物、管帳人員因故離開工作崗位或調動工作時，要由主管領導指定專人代理或接替，並監督辦理必要的交接手續或正式移交清單。另外，現金收付的復核制，物資收發的復秤制、復點制等，也都是防錯防弊的內部控制制度。

3. 明確規定，保證會計憑證和會計記錄的完整性和正確性要求

如對各種自制原始憑證，在格式、份數、編號、傳遞程序、各聯的用途、有關領導和經辦人簽章、明細數同合計數及大小寫數字一致等方面做出規定；對各種帳簿記錄，要求帳證的一致或保持一定統馭關係的規定；還有會計核算中規定的雙線核對、餘額明細核對、各種報表相關數字核對，以及由此而規定的內部稽核制度等。

4. 明確規定，建立財產清查盤點制度

如為了保證財產物資的安全和完整，除規定物資保管員對每項物資進行收付後，都要實行永續盤存辦法核對庫存帳實外，還要規定財產物資的局部清查和全面清查制度，以保證帳卡物相符或及時處理發生的差錯。又如現金出納員每日下班前要結帳清點庫存現金，遇有差錯要及時報告，會計主管人員還有經常檢查出納員工作，定期或不定期檢查庫存現金及金庫管理情況的責任。

5. 明確規定計算機財務管理系統操作權限和控制方法

（1）計算機代替手工填製記帳憑證是相當容易的，並且比手工製作的憑證更規範、效率更高。但是難以給查帳和審計工作提供可靠的依據。為了解決這一矛盾，可以先由計算機填製輸出記帳憑證，然後由有關經辦人確認後簽名或蓋章，無簽名或蓋章的

視作無效憑證，不得進行帳務處理。設置主輔操作員進行兩次輸入，僅僅是為了防止數據輸入時錯誤，對於原始憑證與記帳憑證中的差錯卻無法校正，連事後控制的作用也發揮不了。因此，可直接由主辦會計根據審核無誤的原始憑證操作計算機製作記帳憑證，並將數據存入一個臨時數據庫中，以便調出修改。同時應對輸出的記帳憑證確認後簽名或蓋章，然後交稽核員稽核。對於審核無誤的記帳憑證，稽核員交出納進行收、付款，並操作計算機將主辦會計存入臨時庫存中的憑證數據轉入正式數據存中，以便進行帳務處理。

（2）電算化可以大大提高會計工作效率和會計工作的水準。但是，不能以此代替原手工會計處理中已建立起來的內部控制制度和管理制度，同時，還應加強對電算化系統的管理，這是會計系統安全、正常運行的前提。要明確系統管理人員、維護人員不得兼任出納、會計工作，任何人不得利用工具軟件直接對數據庫進行操作。程序設計人員還應對數據庫採用加密技術進行處理，嚴格按會計電算化系統的設計要求配置人員，健全數據輸入、修改、審核的內部控制制度，保障系統設計的處理流程不走樣變形。

（3）對會計電算化進行內部控制，主要是對存取權限進行控制。設立多級安全保密措施，系統密匙的源代碼和目的代碼，應置於嚴格保密之下，從計算機系統處理方面對信息提供保護，通過用戶密碼口令的檢查，來識別操作者的權限；利用數值項防用戶利合法查詢推出該用戶不應瞭解的數據。操作權限（密級）的分配，應由財務負責人統一專管，以達到相互控制的目的，明確各自的責任。

4.5.2　內部控制制度的執行

內部控制是一個過程，它不是一個點，也不是一個面，而是一條線，由多個點串聯而成。企業所面臨的風險不是靜止不動的，而是隨著企業的發展和內外部環境的變化呈現動態特徵。因此，企業在做內部控制的時候需要明確一點的就是，從一個動態管理的角度對內部控制進行全局性把握。內部控制制度執行的具體措施如下：

1. 企業必須重視對內部控制制度管理人員的選用

內部控制制度設計得再完善，若沒有稱職的人員來執行，也不能發揮作用。企業的用人政策決定了企業能否吸收有較高能力的人員來執行內部控制制度。要杜絕帳戶設置不合理、記錄不真實的情況，充分發揮會計控制制度的職能作用，則必須重視對內部控制制度管理人員的選用和培訓，提高財會人員的素質，定期進行考評，獎優罰劣。

2. 企業必須發揮內部審計機構的作用

內部審計機構是強化內部控制制度的一項基本措施，內部審計工作的職責不僅包括審核會計帳目，還包括稽查、評價內部控制制度是否完善和企業內各組織機構執行指定職能的效率，並向企業最高管理部門提出報告，從而保證企業的內部控制制度更加完善嚴密。

3. 應發揮國家審計機關、部門審計機構的權威性和監督作用

定期或不定期地對企業內部控制制度進行評價,以杜絕企業管理部門負責人濫用職權所造成的內部控制制度形同虛設的情況。

4.5.3 建立和評價內部控制制度的原則

公司內部控制的設計需要有一定的指導原則,保證內部控制內容的邏輯性、條理性和有效性。同時,還需要建立和評價內部控制制度的原則,這主要包括以下四點:

(1) 要起到既有防錯防弊,又有促進經營管理效果的作用。

(2) 要起到事前預防和能在事中或事後及時發現工作漏洞的作用。

(3) 要在認真總結、科學分析的基礎上,設計手續安全度、業務分工合理的制約方法,切忌過於繁瑣。

(4) 要根據情況的變化和出現的問題(如電算化管理)對相應的內部控制制度做出及時修正或建立新的內部控制制度。

4.6 風險管理信息系統

風險管理信息系統是運用信息技術對風險進行管控的系統,它是管理信息系統的重要組成部分,管理人員可借用信息技術工具嵌入業務流程,即時收集相關信息,從而對風險進行識別、分析、評估、預警,制訂對應的風險管控策略,處理現實的或者潛在的風險,控制並降低風險所帶來的不利影響。

信息化風險管理應從組織、規劃和實施控制三個方面著手。

1. 建立切實能推進信息化的組織

為使信息系統能切實發揮作用,企業自身應該建立相應的信息化組織,參與信息化的全過程。這支隊伍應該由企業的高層領導掛帥,以信息服務專職人員為主,業務部門代表參與。這樣可以有效降低信息化風險。

2. 專業諮詢機構協助進行信息化規劃

信息化建設的經驗表明,大多數應用不理想的信息化項目都沒有進行科學的規劃。規劃缺失對信息化帶來的風險是毀滅性的,所以進行信息化規劃是完全必要的。專業諮詢機構相對於企業和系統實施商、軟件商來說處於中立的地位,能夠根據企業的實際情況及企業發展戰略目標,做出科學合理的規劃。

3. 監理機構承擔系統的實施控制

以往的信息化系統實施依賴企業用戶(甲方)對實施方的監督控制和實施方的自覺自律來保證上述三大目標。但是由於甲乙雙方天生的利益衝突性,這種方式很難保證系統實施目標實現,尤其是質量難以控制。這就需要專業的信息系統工程監理來承擔這個任務。信息化監理機構作為中立第三方向甲乙雙方負責,保障雙方的利益。

5 純粹風險管理

本章重點

1. 理解純粹風險的含義。
2. 掌握幾類主要純粹風險的識別、度量和管理。

5.1 純粹風險概述

純粹風險是指只有損失機會而無獲利可能的風險。一般而言，危害性風險（Hazard Risk），如房屋所有者面臨的火災風險、汽車發生碰撞，幾乎都是純粹風險。純粹風險通常是靜態風險，即在社會、經濟、政治、技術以及組織等方面正常的情況下，自然力的不規則變化或人們的過失行為所致的損失或損害的風險，如地震、暴風雨與意外傷害事故等造成的損失或損害。純粹風險通常也是非系統性風險，即風險效應能被抵消的風險。如在保險公司的運行中，保險人通過匯集被保險人或投保人轉移的風險，利用大數法則和風險自發機制的作用，可以分散或互相抵消一些風險效應。企業所面臨的純粹風險主要包括財產損失風險、責任風險和人力資本風險。

5.2 純粹風險類型

5.2.1 財產損失風險

財產損失風險是指造成實物財產的貶值、損毀或者滅失的風險。財產風險除了會導致財產的直接損失之外，還可能引起與財產相關利益的間接損失。一個人擁有的財產越多，相對來說其面臨的財產損失風險越大。

財產的含義要比實物資產或有形資產的範圍大很多，它是指一組源自某項有形物資產的權利或者是關於該有形實物資產某一部分的一組權利，只要這項實物資產具有獨立的經濟價值。這裡企業財產（資產）的含義主要是指對有形資產的權利；財務會計制度上界定的資產是指企業過去的交易或事項形成的、由企業擁有的或者控制的、

預期會給企業帶來經濟利益的資源。該資源的成本或者價值能夠被可靠地計量。

財產損失的原因主要包括以下三種類型：

(1) 自然原因，指的是由自然力造成的財產損失，如水災、干旱、地震、風災、蟲災、塌方、雷擊、溫度過高等。

(2) 社會原因，包括違反個人行為準則的社會事件，如縱火、爆炸、盜竊、恐怖活動、污染、放射性污染、疏忽大意等，以及群體的越軌行為，如暴亂等。

(3) 經濟原因，指的是經濟衰退、宏觀經濟政策變化等方面的原因，這些原因不像自然原因和社會原因那樣有著明顯的影響，它對財產的損壞作用更加隱蔽和複雜，如股價下跌導致股票貶值，技術進步導致設備貶值等。

企業財產風險可能導致的損失類型，根據不同的標準分類如下：

(1) 按財產形態可分為動產損失和不動產損失。

(2) 根據損失原因可分為火災損失、爆炸損失、颶風損失、盜竊損失、地震損失和洪水損失等。

(3) 根據財產損失是否可通過保險得到補償分為可保損失和不可保損失。因為保險是企業風險管理者處理風險的重要手段，分清哪些損失可以通過事先購買來得到補償，是風險管理者決定是否運用保險手段的基礎。

(4) 根據財產權益的性質可分為所有權權益損失、抵押權權益損失、質押權權益損失、留置權權益損失、租賃合同權益損失、委任合同權益損失等。

(5) 根據損失是直接的還是間接的可分為直接損失和間接損失。直接損失往往是財產實物形態的損毀，造成其經濟價值直接減少，如機器設備的損毀。間接損失指因其他財產的直接損失而造成的財產損失、收入損失、費用損失、責任損失。其中間接財產損失如雷電擊壞企業供電設備、企業冷凍保存的貨物因停電而受損。還有一種間接財產損失情況是由於財產的一部分受損，破壞了此財產之完整性，影響到其餘部分價值的實現。收入損失指由於財產受損，生產經營受其影響而導致的收益減少。費用損失指財產受損而額外發生的費用支出。企業財產面臨著多種多樣的風險，這些風險暴露的後果即財產的損失。

5.2.2 責任風險

責任風險是指因個人或單位的行為造成他人的財產損失或人身傷害，依法律或合同應承擔賠償責任的風險。法律責任一般可分為刑事責任、民事責任和行政責任。企業經常面臨的責任風險主要是民事責任風險，民事責任又分為侵權責任和違約責任兩大類。

責任風險中的「責任」，少數屬於合同責任，絕大部分是指法定責任，包括刑事責任，民事責任和行政責任。在保險中，保險人所承保的責任風險僅限於法律責任中對民事損害的經濟賠償責任，它是由於人們的過失或侵權行為導致他人的財產毀滅或人身傷亡。在合同、道義、法律上負有經濟賠償責任的風險，又可細分為對人的賠償風險和對物的賠償風險。如對由於產品設計或製造上的缺陷所致消費者的財產或人身傷

害，產品的設計者、製造者、銷售者依法要承擔經濟賠償責任。

責任風險從其分攤原則來看，包括免責、過失責任、嚴格責任、絕對責任和連帶責任五種。

1. 免責（Immune From Liability）

法院在很多情況下對慈善機構和政府的行為實行免責。慈善事業的財產不能被用於支付判決，因此，很長時間以來慈善機構在進行自己的活動時不必因自己的過失行為承擔法律責任而擔憂。但現代的普通法已經規定，慈善機構對以下兩種情況要負責任：第一，因該機構挑選員工的過失，使得本應從機構活動中受益卻受到傷害的人；第二，其他因該機構員工的行為或者過失而受到傷害的人。

對政府的一些行為實行免責，是為了維護與保持公眾利益，如果政府總是因其過失與錯誤行為而被訴訟糾纏的話，這種經濟負擔就會使其不能提供有利於大眾的服務。自20世紀60年代以來，政府所享有的相當廣泛的豁免權開始不同程度地減弱，但大多數情況下，立法性的或純粹的政府管理行為還是會受到法律的豁免。

2. 過失責任（Liability of Fault）

過失責任是指被保險人因任何疏忽或過失違反法律應盡義務，或違背社會公共生活準則而致他人財產或人身損害時，應對受害人進行賠償的責任。例如違章駕駛汽車、發生交通事故、造成他人傷亡，肇事人就應承擔法律賠償責任。過失責任是一種普遍的分攤責任的方法，法律上的過失責任往往是侵權行為。

但過失行為屬於非故意侵權行為，它與故意侵權行為不同。故意侵權行為是指有預謀或有計劃，但不必事先預料到後果的行為，如非法侵占、侵占他人財產、脅迫、毆打、非法監禁、人格誹謗、侵犯他人隱私、誣告、破壞他人合同關係等。而過失侵權行為則表現為行為人「喪失他應有的預見性」而未達到應有的注意程度的一種不正常或不良的心理狀態。過失分為兩種：一種表現為行為人對自己行為的後果應當或者能夠預見而沒有預見；另一種表現為雖然預見到了其行為的後果，卻輕信這種後果可以避免。在法庭上以過失為由起訴被告的時候，原告要舉證說下述四個方面：被告具有法律規定的注意義務；被告沒有履行注意義務；對義務的違反是導致傷害的近因；這種傷害造成了實質的人身傷害或財產損失。同時，被告擁有一定的抗辯權利。

3. 嚴格責任（Strict Responsibility）

嚴格責任本質上是一種歸責原則，並非在此歸責原則下實現的責任主體所承擔的一種法律責難後果與狀態。在過失責任下，侵害人要承擔由於自己的疏忽而給他人造成損失的賠償責任，如果侵害人沒有疏忽，就可以不承擔責任。但由於許多行為的危險性較大，即使施加了合理的注意，侵害人也應該為損失負責。因此，很多情況下只要證明了行為的危險性，就可以起訴侵害人要求賠償。這種情況下侵害人就承擔了嚴格責任。

嚴格責任原則又稱無過錯責任，是指違約責任發生以後，確定違約當事人的責任，應主要考慮違約的結果是否因違約的行為造成，而不考慮違約方的故意和過失。

嚴格責任是一種既不同於絕對責任，又不同於無過錯責任的一種獨立的歸責形式。

與其他歸責原則相比，其具有以下特點：

第一，嚴格責任的成立以債務不履行以及該行為與違約後果之間具有因果關係為要件，而並非以債務人的過錯為要件，這是其區別於過錯責任的最根本的特徵。因而在嚴格責任下，債權人沒有對債務人有無過錯進行舉證的責任，而債務人以自己主觀上無過錯並不能阻礙責任歸加。在這一點上，似乎有理由認為嚴格責任與過錯責任中的舉證責任倒置——過錯推定相一致。但是，過錯推定的目的在於確定違約當事人的過錯，而嚴格責任考慮的則是因果關係而並非違約方的過錯。例如，在嚴格責任下第三人的原因導致違約並不能免除債務人的違約責任，而此種情形無論如何不能推定債務人存在過錯。因此，二者仍是存在一定區別的。

第二，嚴格責任雖不以債務人的過錯為承擔責任的要件，但並非完全排斥過錯。一方面，它最大限度地容納了行為人的過錯，當然也包括了無過錯的情況；另一方面，它雖然不考慮債務人的過錯，但並非不考慮債權人的過錯。如果因債權人的原因導致合同不履行，則往往成為債務人得以免責或減輕責任的事由。可見，雖然嚴格責任往往被中國學者稱為「無過錯責任」，但其與侵權行為法中既不考慮加害人的過錯，也不考慮受害人的過錯（過失）的無過錯責任是存在一定區別的。

第三，嚴格責任雖然嚴格，但並非絕對。這一點使之與絕對責任區別開來。所謂絕對責任，是指債務人對其債務應絕對地負責，而不管其是否有過錯或是否由於外部原因造成。嚴格責任在19世紀英美古典合同理論中也曾經是絕對責任，發展至後來，出現了諸如後發不能之類的免責事由，因而出現了嚴格但不絕對的嚴格責任。在嚴格責任下，並非表示債務人就其債務不履行行為所生之損害在任何情況下均應負責，債務人可依法律規定提出特定之抗辯或免責事由（例如不可抗力等）。

4. 絕對責任（Absolute Liability）

絕對責任是指當某人需履行某項義務時，無論情況如何都必須承擔責任。絕對責任常見於爆炸實例中。許多汽車法往往規定，即便被保險人有過失或有違法行為，保險公司也必須對第三者承擔責任。

某些法律明文規定這樣一種責任：某種被認定為違禁的事件發生便可構成責任，無須考慮被告人注意程度或已採取的預防措施，也不需要提供有關過錯的證據。絕對責任較之嚴格責任標準更高。承擔嚴格責任的行為人有法定的抗辯事由可援引，而承擔絕對責任的行為人不能援引任何抗辯事由。

5. 連帶責任（Joint Liability）

連帶責任作為民事責任的一種，是指根據法律規定或當事人有效約定，兩個或兩個以上的連帶義務人都對不履行義務承擔全部責任。連帶責任的規定，保障了債權人的利益。由於連帶責任後果較嚴重，人民法院在認定當事人是否承擔連帶責任時比較慎重，凡法律無明文規定或當事人之間無明確約定的，一般不能判由當事人承擔連帶責任。

除了當事人之間的有效約定外，有關法律和司法解釋對連帶責任的適用條件分別作了規定，這些規定是人民法院在審判實踐中認定當事人是否承擔連事責任的法律依

據。具體來講，法律有明確規定的連帶責任有以下幾種：
(1) 因保證而承擔的連帶責任。
(2) 合夥（包括合夥型聯營）中的連帶責任。
(3) 因代理而承擔連帶責任。
(4) 因共同侵權而承擔的連帶責任。
(5) 因共同債務而承擔的連帶責任。
(6) 因產品不合格造成損害，產品的生產者、銷售者承擔的連帶責任。
(7) 因出借業務介紹信、合同專用章或蓋有公章的空白合同書而承擔連帶責任。
(8) 企業法人分立後對原有債務的承擔以及開辦企業有過錯而產生的連帶責任。

5.2.3 人力資本風險

企業的生產性質資本包括實物資本和人力資本。所謂人力資本，著名經濟學家舒而茨的定義是：人力資本是相對於物質資本而非人力資本而言的，是體現在人身上的，可以被用來提供未來收入的一種資本，是指人類自身在經濟活動中獲得收益並不斷增值的能力。人力資本不等於人力資源，人力只有經過培訓，才能真正成為資本。換言之，人力資本風險就是指由於個人的死亡、受傷、生病、年老或其他原因的失業而造成的損失的不確定性。

人力資本投資，是指對人力資本進行一定的投入，使其在質和量上都有所提高，並期望這種提高能最終反應在勞動產出增加上的一種投資行為。人力資本投資風險是指在一定時期內，投資主體對人力資本投入結果的不確定性。企業的人力資本風險與財產損失風險、責任風險一樣，並不是一成不變的，它也是隨著公司內部、外部的條件的變化而變化的。但其損失形態仍不外乎以下幾種：死亡、疾病、工傷和年老。

(1) 死亡。影響員工死亡的風險因素包括年齡、性別、身高和體重、生理狀況、職位、個人嗜好、個人病史與家族病史等。

(2) 疾病。與其他損失形態相比，員工遇上疾病的可能性最大，可以說難以避免。風險管理者如果不能妥善處理此類風險，那麼此類風險將成為公司的一個很大的隱患。

(3) 工傷。工傷是員工在工作時間內發生各種意外或因職業病造成的人員傷亡事故的總稱。工傷事故發生的原因主要有人為因素、物的因素、環境因素和管理因素。統計資料顯示，人為因素引起的工傷事故在所有的工傷事故中佔較大比例。由此可見，風險管理者完全可以通過積極有效的措施使工傷事故發生率降下來。

(4) 年老。與其他人身風險損失相比，年老更具有可預見性。其實年老對公司的威脅並不像其他人身風險損失那樣明顯，但如果風險管理者對此掉以輕心，那麼隨著時間的推移，員工的養老問題將成為公司的一個沉重包袱。

5.3 純粹風險的度量

5.3.1 財產損失度量

在風險度量中，對直接損失幅度的估算有時候並不是直接應用實際直接損失金額，而是用財產的價值乘以損失率。因為損失率相對於各項財產的損失金額來說，更容易有一個大致的標準。因此，在對公司財產進行風險分析時，就要評估其財產的價值。財產價值的評估方法有很多，常見的方法包括重置成本法、收益現值法和清算價格法等。本章重點講述重置成本法。

運用重置成本法評估資產的價值，就是用這項資產的現時特價完全重置成本（簡稱重置全價）減去應扣損耗或貶值，即：

資產評估價值＝資產重置成本－資產實體性貶值－資產功能性貶值－資產經濟性貶值

1. 重置成本的估算

（1）重置核算法。它是指按資產成本的構成，把以現行市價計算的全部購建支出按其計入成本的形式，將總成本區分為直接成本和間接成本來估算重置成本的一種方法。

直接成本是指直接可以構成資產成本支出的部分，間接成本是指為建造、購買資產而發生的管理費，總體設計制圖等項支出。間接成本可以通過下列方法計算。

①按人工成本比例法計算，計算公式為：

間接成本＝人工成本×成本分配率

成本分配率＝間接成本額／人工成本額×100%

②按單位價格法，計算公式為：

間接成本＝工作量（按工日或工時）×單位價格／工日或工時

③按直接成本百分率法，計算公式為：

間接成本＝直接成本×間接成本占直接成本百分率

（2）物價指數法。這種方法是在資產歷史成本基礎上，通過現時物價指數確定其重置成本，計算公式為：

資產重置成本＝資產歷史成本×資產評估時物價指數／資產購建時物價指數資產重置成本
＝資產歷史成本×（1＋物價變動指數）

物價指數法估算的重置成本，僅考慮了價格變動因素，因而確定的是復原重置成本；而重置核算法既考慮了價格因素，也考慮了生產技術進步和勞動生產率的變動因素，因而可以估算復原重置成本和更新重置成本。同時，物價指數法建立在不同時期的某一種或某類甚至全部資產的物價變動水準上；而重置核算法建立在現行價格水準與購建成本費用核算的基礎上。一項科學技術進步較快的資產採用物價指數法估算的重置成本往往會偏高。物價指數法和重置核算法也有其相同點，都是建立在利用歷史

資料的基礎上。

（3）功能價值法，也稱生產能力比例法。這種方法是尋找一個與被評估資產相同或相似的資產為參照物，計算其每一單位生產能力價格或參照物與被評估資產生產能力的比例，據以估算被評估資產的重置成本。計算公式為：

$$被評估資產重置成本＝被評估資產年產量/參照物年產量×參照物重置成本$$

前提條件和假設是資產的成本與其生產能力呈線性關係，生產能力越大，成本越高，而且是呈正比例變化。

（4）規模經濟效益指書法。由於規模經濟效益作用的結果，資產生產能力和成本之間只呈同方向變化，而不是等比例變化。計算公式為：

$$被評估資產的重置成本＝參照物資產的重置成本×\frac{被評估資產的產量}{參照物資產 x 的產量}$$

其中：x 是一個經驗數據，稱為規模經濟效益指數。

（5）統計分析法。在用成本法對企業整體資產及某一項同類型資產進行評估時，為了簡化評估業務，還可以採用統計分析法確定某類資產重置成本。第一，在核實資產數量的基礎上，把全部資產按照適當標準化分為若干類別；第二，在各類資產中抽樣選擇適量具有代表性的資產，估算其重置成本；第三，依據分類抽樣估算資產的重置成本額與帳面歷史成本，計算出分類資產的調整系數。根據調整系數估算被評估資產的重置成本。

2. 實體性貶值的估算

實體性貶值的估算，一般可以採取以下幾種方法：

（1）觀察法。

$$資產實體性貶值＝重置成本×（1－成新率）$$

（2）公式計算法。

$$資產的實體性貶值＝（重置成本－預計殘值）/總使用年限×實際已使用年限$$

其中：預計殘值是指被評估資產在清理報廢時淨收回的金額。在資產評估中，通常只考慮數額較大的殘值，如殘值數額較小可以忽略不計。總使用年限指的是實際已使用年限與尚可使用年限之和。其計算公式為：

$$總使用年限＝實際已使用年限＋尚可使用年限$$

$$實際已使用年限＝名義已使用年限×資產利用率$$

名義已使用年限是指資產從購進使用到評估時的年限。實際已使用年限是指資產在使用中實際損耗的年限。實際已使用年限與名義已使用年限的差異，可以通過資產利用率來調整。

資產利用率計算公式為：

$$資產利用率＝\frac{截至評估日資產累計實際利用時間}{截至評估日資產累計法定利用時間}×100\%$$

3. 功能性貶值的估算

功能性貶值是由於技術相對落後造成的貶值。功能性貶值的估算可以按下列步驟

進行：

（1）將被評估資產的年營運成本與功能相同但性能更好的新資產的年營運成本進行比較。

（2）計算二者的差別，確定淨超額營運成本。淨超額營運成本是超額營運成本扣除所得稅以後的餘額。

（3）估計被評估資產的剩餘壽命。

（4）以適當的折現率將被評估資產在剩餘壽命內每年的超額營運成本折現，這些折現值之和就是被評估資產功能性損耗（貶值）。計算公式為：

$$被評估資產功能性貶值 = \sum 被評估資產年淨超額營運成本 \times 折現系數$$

此外，功能性貶值的估算還可以通過超額投資成本的估算進行，計算公式為：

$$功能性貶值 = 復原重置成本 - 更新重置成本$$

4. 經濟性貶值的估算

經濟性貶值是由於外部環境變化引起資產閒置、收益下降等而造成的資產價值損失。其計算公式為：

$$資產經濟性貶值額 = \sum 資產年收益損失額 \times (1-所得稅率) \times 年金現值系數$$

5.3.2 責任損失度量

法律責任中的刑事責任和行政責任根據相應的刑事法律和行政法律規範進行界定，民事責任中的違約責任依據合約規定界定責任方的責任大小，因此本章的責任損失度量是指民事侵權責任損失的度量，侵權責任損失主要是指企業依據侵權行為所造成的損害程度和大小而承擔的經濟賠償，以及相應的訴訟費、辯護費等法律費用支出。

損害是侵權行為所造成的一種後果，具體表現為受害人的死亡、人身傷害、精神痛苦以及各形式的財產損害，相應的賠償原則因損害類型而異。侵權行為的損害如圖5-1所示。

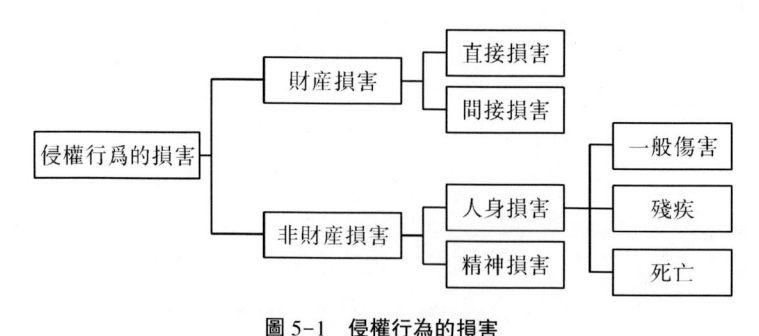

```
                    ┌─ 財產損害 ─┬─ 直接損害
                    │           └─ 間接損害
侵權行為的損害 ─────┤
                    │           ┌─ 一般傷害
                    │           ├─ 人身損害 ─┬─ 殘疾
                    └─ 非財產損害─┤           └─ 死亡
                                └─ 精神損害
```

圖 5-1　侵權行為的損害

1. 財產損失賠償

財產損害是指受害人因其財產受到侵害而造成的經濟損失，它是可以用金錢的具體數額加以計算的實際物質財富的損失。

第一，財產損害可以分為直接損失和間接損失兩種。侵權人既要對現有財產的直

接減少進行賠償，也要對在正常情況下實際上可以得到的利益即間接損失進行賠償。直接損失是行為人的加害行為所直接造成的被侵權人的財產減少，如侵犯財產權而造成的財物的損壞、滅失，都屬於直接損失，都應當全部賠償。間接損失原則上也應當全部賠償。因為在正常情況下，被侵權人本應當得到這些利益，只是由於侵權人的侵害才使這些可得利益沒有得到。這種損失雖然與直接損失有些區別，但這種區別只是形式上的，實質上並沒有區別。對於間接損失如果不能全部予以賠償，被侵權人的權利就得不到全部保護，同時侵權人的違法行為也得不到應有的制裁。因此，間接損失也應當全部賠償。這裡所說的間接損失，是客觀的、實際的損失，是有切實依據的可得利益損失，並不是主觀臆想的損失。對於這樣的損失，必須予以全部賠償。

第二，需要賠償合理損失。在實行全部賠償原則的時候，必須有一個前提，就是予以賠償的損失必須是合理的。不合理的損失不應賠償。《中華人民共和國侵權責任法》規定的「按照損失發生時的市場價格或者其他方式計算」，體現的就是賠償合理損失。按照這一規定，計算財產損失的基本方法是按照損失發生時的市場價格。這個方法基本可行，但存在一些問題，例如，如果損害發生時市場價格較低而案件審判時市場價格較高，按照損害發生時的市場價格計算，就對補償受害人的損失不利。如果損害發生時市場價格較高而案件審判時價格較低，則這樣的計算方法是比較合理的。對此，應當著重解讀後一個說法，即「或者其他方式計算」，可以採取實事求是的方法確定損失範圍，確定賠償數額。

第三，實行損益相抵。實行全部賠償，必須從全部損失中扣除新生利益，實行損益相抵。對此，應當依照損益相抵原則，進行科學、準確的計算，對其相抵以後的損失額，予以全部賠償。

第四，財產損害賠償是否適用預期利益損失規則。制定《中華人民共和國侵權責任法》的過程中，專家對財產損害賠償是否應當適用預期利益損失規則，進行了研究，最終立法沒有採納，但這種規則是應當考慮的。例如，沈陽故宮門前上馬石毀損案中，上馬石被新手司機在倒車中撞折，經過鑒定，損失達數千萬元之多，但侵權人無此巨額利益的損害預期。北京市植物園試驗栽培的葡萄被他人偷吃，損失價值也達數千萬元，侵權人也無此預期。如果按照實際損失賠償，亦不公平。如果適用預期利益損失原則，確定適當的賠償數額，則較為穩妥。故應當在司法實踐中總結經驗，將來在司法解釋中解決。

2. 非財產損害賠償

（1）人身損害賠償。人身損害是指侵害他人的身體所造成的物質機體的損害，根據損害的程度不同，可以分為一般傷害、殘疾和死亡三種類型。

無論是一般傷害、殘疾還是死亡，均屬於對他人身體的損害。因此，人身損害的賠償首先涉及的就是對他人身體造成的「物質」性損害和應承擔的賠償責任。然而，人身損害不能僅以受害者遭到損害的物質機體本身的價值作為賠償的確定標準，還應考慮受損機體得以恢復所需的全部費用。

（2）精神損害賠償。精神損失是指當受害人的名譽權和隱私權等人格權受到侵害

時精神上的痛苦。

《中華人民共和國民法通則》第120條第11款規定：公民的姓名權、肖像權、名譽權、榮譽權受到侵害的，有權要求停止侵害，恢復名譽，消除影響，賠禮道歉，並可以要求賠償損失。法人的名稱權、名譽權、榮譽權受到侵害的，適用前款規定。最高人民法院《精神損害賠償責任的解釋》對精神損害賠償的適用範圍做了界定，擴大了賠償範圍。

精神損害表現為生理上或者心理上痛苦的損害，是一種無形損害。它不能像財產損害那樣，可以通過一定的標準加以確定，對於精神受到損害的人給予金錢賠償，並不具有等價性，而是具有補償、懲戒的特徵。

最高人民法院《精神損害賠償責任的解釋》列出了確定精神損害賠償額的注意事項：

第一，因侵權致人精神損害的，只有造成嚴重後果的，受害人才有權請求精神損害賠償撫慰金/如未造成嚴重後果，受害人請求賠償精神損害的，一般不予以支持。

第二，精神損害的賠償數額根據以下因素確定：侵權人的過錯程度，法律另有規定的除外；侵害的手段、場合、行為方式等具體情節；侵權行為所造成的後果；侵權人的獲利情況；侵權人承擔責任的經濟能力；受訴法院所在地平均生活水準。

5.3.3 人力資本損失度量

人力資本損失風險的大小需要從損失頻率和損失幅度兩個方面來考慮。

1. 損失頻率的估算

（1）死亡。死亡的頻率即處在各年齡段的人的死亡頻率。一般從壽險業的生命表中可以得到各年齡段有關死亡概率的信息。

（2）健康狀況惡化。健康狀況惡化是一個非常籠統的說法，很難用某一個指標來描述健康狀況惡化，只能從某一個角度側面來看，比如致殘率和同醫療保健機構的接觸等。致殘率可以反應比較嚴重的健康狀況惡化，集體來說，活動受限天數、病人臥床天數及誤工天數（耽誤工作或耽誤上學的天數）都不同程度地反應致殘率。而同醫療保健機構的接觸主要是指看醫生的頻率，一般可以從歷史平均數據得到。

（3）年老和退休。年老和退休是每個人都會面臨的問題，這意味著收入減少，而醫療費用、護理費用可能會增加，而且這個數量非常不確定。有關平均剩餘壽命的數據可以由中國經驗生命表編製委員會所制「中國人壽保險業經驗生命表」查到。

（4）失業。失業（Unemployment）是指有勞動能力、願意接受現行工資水準但仍然找不到工作的現象，指的是非自願失業。它不是由健康狀況惡化引起的，也不是由死亡和年老引起的，而是由經濟原因引起的。失業是另一個威脅個人收入能力的重要因素。很多公司都會通過政府強制的失業保險為員工提供失業方面的保障；國外也有一些公司為員工提供了間接的保險項目，常常是在員工離開公司時一次性支付失業補償和在員工的薪水中連續支付一定金額的補償金。

失業還有一個重要特徵，即每個人所經歷的失業的本質不盡相同，大致可以分為

這樣幾種類型，可以分為摩擦性失業、結構性失業和週期性失業。

摩擦性失業是指生產過程中難以避免的、由於轉換職業等原因而造成的短期、局部失業。這種失業的性質是過渡性的或短期性的。它通常起源於勞動的供給一方，因此被看作是一種求職性失業，即一方面存在職位空缺，另一方面存在著與此數量對應的尋找工作的失業者，這是因為勞動力市場信息的不完備，廠商找到所需雇員和失業者找到合適工作都需要花費一定的時間。摩擦性失業在任何時期都存在，並將隨著經濟結構變化而有增大的趨勢，但從經濟和社會發展的角度來看，這種失業存在是正常的。

結構性失業是指勞動力的供給和需求不匹配所造成的失業，其特點是既有失業，也有職位空缺。失業者或者沒有合適的技能，或者居住地點不當，因此無法填補現有的職位空缺。結構性失業在性質上是長期的，而且通常起源於勞動力的需求方。結構性失業是由經濟變化導致的，這些經濟變化引起特定市場和區域中的特定類型勞動力的需求相對低於其供給。

造成特定市場中勞動力的需求相對低可能由以下原因導致：一是技術變化，原有勞動者不能適應新技術的要求，或者是技術進步使得勞動力需求下降；二是消費者偏好的變化。消費者對產品和勞務的偏好的改變，使得某些行業規模擴大而另一些行業規模縮小，處於規模縮小行業的勞動力因此而失去工作崗位；三是勞動力的不流動性。流動成本的存在制約著失業者從一個地方或一個行業流動到另一個地方或另一個行業，從而使得結構性失業長期存在。

週期性失業是指經濟週期中的衰退或蕭條時，因社會總需求下降而造成的失業。當經濟發展處於一個週期中的衰退期時，社會總需求不足，因而廠商的生產規模也縮小，從而導致較為普遍的失業現象。週期性失業對於不同行業的影響是不同的，一般來說，需求的收入彈性越大的行業，週期性失業的影響越嚴重。

風險管理者必須清楚地瞭解公司員工所面臨的失業情況，因為每種失業引起的問題都各不相同，降低這些失業概率的措施也各不相同。

2. 損失幅度的估算

人力資源風險的損失主要來源於收入的減少和費用（主要是醫療費用）的增多。但精確估計這種損失非常困難，因為我們無法準確預計如果繼續工作，我們的收入會是多少。所以人力資本風險的損失幅度都是一個近似的估計。

（1）生命價值法。生命價值法是從收入的角度來評價雇員的損失。當雇員死亡或永久性殘疾時，其損失主要是收入損失，並且是永久性的，與時間長短呈正相關。這樣就可以通過計算雇員在繼續工作的情況下所得到的收入來估計員工或其親屬所遭受的損失，即計算每年的稅後收入減去員工自身消費後所剩金額的現值總和，這就是生命價值（Human Life Value）。其具體計算步驟為：

第一步，預測雇員在退休前每年能得到的稅後收入。

第二步，如果損失原因是死亡，就要減去用來支付雇員自身消費的那部分收入。

第三步，把每年的收入貼現後相加。

生命價值是一個近似的估計值，之所以這樣說，原因有幾點：第一，收入貼現和的估計是近似的。員工的年收入有很大的不確定性，它受到員工職業生涯發展的影響，

同時還受總體工資水準的影響，但在計算生命價值時，必須事先預計出年收入，這個預計值和實際值之間就可能存在差異。第二，消費的估計是近似的。員工自身的消費也是近似的估計值實際中可能會發生變化。第三，利率的估計是近似的。在貼現中所用的利率也是一個平均的估計值。第四，收入流與消費流發生的時間是近似的。

（2）需求法。需求法是從支出的角度來評價損失。它是指雇員為保持家屬當前的生活水準所需支出的現值。

用需求法來估計損失，不需要考慮雇員的收入以及家屬能使用的部分所占的比例，只需考慮家屬的正常支出，以及這種正常支出如何受員工死亡的影響。需求法在計算時考慮到了家庭收入的補償因素，如社會保障計劃中為死者家屬提供的福利，其具體的計算步驟和生命價值法類似。

兩種方法相比較，從理論上說，生命價值法是一種更為正確的方法，因為它主要考慮潛在的損失，而非不同家庭的消費水準和消費偏好。但在實際中，人們更喜歡用需求法，因為需求法更簡潔明瞭，並且能直接描述雇員家庭的經濟福利。

5.4　純粹風險管理

純粹風險具有可保性，因而財產損失風險、責任風險和人力資本風險這三大類純粹風險主要是通過保險進行管理，保險的具體方法在第6章詳細介紹。

現代公司無一不是把追求股東價值最大化作為自己的最高目標和企業生存的宗旨。但是，大多數公司都在全力以赴地提高公司營業額和利潤，忽略了努力降低企業風險也是擴大股東價值的重要一環。

商業決策和投資總是與冒險相伴而行，有些企業家因為敢於冒險、抓住機遇；而企業管理則不然，保證穩健營運才是制勝的關鍵。然而，商業經營永遠處於種種威脅之中：計算機故障、火災、環境污染、財務詐欺、決策失誤、產品被迫招回等。風險的存在要求企業管理者必須嚴肅對待企業風險。

怎樣界定商業經營中哪些是最重要的危險、如何減少這些危險發生的概率——如果真的發生的話，又該如何把危險的影響控制在最低限度之內？商業風險範圍很廣，這裡只討論純粹風險。純粹風險管理的本質是將未來不確定的損失以最經濟的方式轉變為現實的成本，諾基亞公司關於純粹風險管理的案例將揭示這個如此簡單的道理是如何通過最科學有效的管理手段來實施的。

【例】1998年，當時全球唯一供應芯片的菲利普的歐洲芯片廠因失火導致作為手機主板上必不可少的芯片的供貨幾乎中斷，情況萬分危急。作為主要手機生產商的諾基亞公司立即採取了行動：CEO親自飛抵該製造廠，將僅有的庫存拿了下來，並且獲得了其恢復生產後對諾基亞公司優先供貨的保證；而同樣對這件事情的不同處理，使當時手機行業最著名的愛立信公司永遠退出了手機製造業。

從這個例子可以看出諾基亞對待突發事件的態度。「風險」這個詞，在諾基亞被認為是那些會導致經營目標（包括短期和長期的經營目標）受損的相關風險。

諾基亞公司控制企業經營的風險出發點非常明確——為股東創造最大價值。因此，根據股東價值模型：

股東價值＝公司利潤／公司風險

即利潤越高，股東價值越大；風險越大，股東價值越小。如果企業管理者進行了很好的風險管理和控制，風險可以轉化為成本，那麼，在這種情況下，股東價值＝公司利潤。基於此，諾基亞的風險管理目標就是：通過減少純粹風險的成本而使股東的商業價值最大化；通過風險管理，確保企業在任何情況下都能將經營繼續下去。為實現這個目標，諾基亞確立了清晰的風險管理理念：「公司有責任採取有效的風險管理措施（作為核心管理能力之一）支持公司完成其價值目標。」由於風險管理並不是一個獨立的程序或者行動，而是融於日常的商業交易和管理活動實踐中的，因此，諾基亞公司在其《風險管理政策》中清楚地描述了風險與風險管理措施應用於實際工作的指導方針，具體原則如下：

（1）通過採用最基本的、系統的方法管理來自商業交易活動、支持平臺和運作流程中的各種風險。

（2）風險管理是諾基亞公司的管理層和所有員工的基本責任，包括：對自己職責和經營範圍內可預見的風險有責任（並且是作為風險管理的第一責任人）提醒他人和管理層注意。

（3）積極的預見和管理風險，在機會中獲取直接的利益並管理潛在的危險。

實際上，在具體討論如何管理風險之前，有一件事情必須明確，那就是一個公司的風險偏好，如果不知道管理層可以容忍多大的風險存在，就無法行動；風險管理者就是要在管理層給出的風險偏好的基礎上，在平衡風險管理成本和承擔風險所受的損失中給出原則以及具體措施和行動方案。

諾基亞公司對於風險的偏好／容忍度強調：對於商業活動本身存在的內在風險，諾基亞是準備接受風險並獲取最大的回報，理解並利用、管理和化解那些已經風險化的事件中不利的影響。

而在下列方面，公司是厭惡風險的：

（1）影響人身安全的。

（2）危及公司的生存和關鍵資產的（比如：商標）。

（3）會導致觸犯法律法規的。

在瞭解了公司風險偏好的基礎上，諾基亞對風險可能的應對措施如表5-1所示：

表5-1　　　　　　　　　　諾基亞對風險可能的應對措施

接受風險	有很多的商業風險是必須接受的
應對風險	對大部分重大風險採取積極主動的應對措施而不是被動的反應和處理
轉嫁風險	通過轉移或者轉嫁風險來減少影響（比如：保險），共擔（比如：與別人合作），通過合同轉移等。註：轉移風險並不會導致責任轉移
終止風險	風險是可以通過終止特定的經營活動或從某個市場退出等行動來避免的

風險管理

　　諾基亞風險管理的程序循環包括定義職責與實際操作、目標的審核、風險的識別、風險的分析、風險的管理、風險的監控六個步驟。以上六步循環過程定義了風險管理的任務和必須做的事情，在實踐中，這個流程被用作完成風險管理任務的指導和參照的模型，它由業務與信息的流程、參與風險管理的員工角色定義、完成風險管理的方針以及好的實例或者說榜樣等要素組成。

　　諾基亞的風險管理中另一個值得我們借鑑的地方是其完善的風險管理和應急機制並沒有耗費過多的成本，也沒有龐大的風險管理部門來支撐這項業務。它的成功之處在於將其風險管理的意識和政策灌輸和落實到了每個管理者和員工的心裡並融於日常工作中。

　　事實上，世界很多成功企業都信奉的一點就是：要想使好的理念加上好的做法並最終能夠產生作用，最關鍵的就是讓所有的員工與公司一樣思考並承擔相應責任，然後付諸實際行動。上面介紹的是諾基亞公司風險管理的一角，可以從其輪廓和理念中，強化對風險的認識，把握風險管理價值創造的重要性。

6　保險

本章重點

1. 瞭解保險的職能、保險合同、保險險種等基礎知識。
2. 瞭解中國保險經紀人的發展現狀及基本理論。
3. 瞭解專業自保公司的性質特點。

6.1　保險

6.1.1　保險的定義和職能

保險是一種通過轉移風險來對付風險的方法，自然風險管理的範圍大於保險。在風險管理中講保險，主要是從企業或家庭的角度來介紹保險，以及怎樣購買保險。

1. 保險的定義

現代保險學者一般從兩方面來解釋保險：從經濟的角度上看，保險是分攤意外事故損失的一種財務安排，少數不幸成員的損失由包括受損者在內的所有成員分擔；從法律角度來看，保險是保險人和投保人雙方的合同安排，保險人同意賠償損失或給付保險金給被保險人或收益人，保險合同就是保險單，投保人通過購買保險單把風險轉移給保險人。這樣的保險釋義是比較完整的，因為它至少揭示了保險的三個最基本的特點：一是保險具有互助性質，這是就分攤損失而言；二是保險是一種合同行為，這是指保險雙方訂立合同；三是保險是對災害事故損失進行經濟補償，這是保險的目的，也是保險合同的主要內容。《中華人民共和國保險法》（以下簡稱《保險法》）把保險的定義表述為：「本法所稱保險，是指投保人根據合同約定，向保險人支付保險費，保險人對於合同約定的可能發生的事故因其發生所造成的財產損失承擔賠償保險金責任，或者當被保險人死亡、傷殘、疾病或者達到合同約定的年齡、期限等條件時承擔給付保險金責任的商業保險行為。」

2. 保險的職能

保險的基本職能可概述為用收取保險費的方法來分攤災害事故損失，以實現經濟補償的目的。分攤損失和經濟補償是保險機制不可分割的兩個方面。

（1）分攤損失或分擔風險。保險是在特定風險損害發生時，在保險的有效期和保險合同約定的責任範圍以及保險金額內，按其實際損失數額給予賠付。這種賠付原則使得已經存在的社會財富因災害事故所致的實際損失在價值下得到補償，在使用價值上得以恢復，從而使社會再生產過程得以連續進行。保險的補償職能，只是對社會已有的財富進行再分配，而不能增加社會財富。因為從社會角度而言，個別遭受風險損害的被保險人所得，正是沒有遭受損害的多數被保險人所失，它是由全體投保人給予的補償。這種補償既包括財產損失的補償，又包括了責任損害的賠償。

（2）經濟補償。財產保險與人身保險是兩種性質完全不同的保險。由於人的價值是很難用貨幣來計價的，所以，人身保險是經過保險人和投保人雙方約定進行給付的保險。因此，人身保險的職能不是損失補償，而是經濟給付。

分攤損失是實施補償的前提和手段，實施補償是分攤損失的目的。其補償的範圍主要有以下幾個方面：

①投保人因災害事故所遭受的財產損失。
②投保人因災害事故使自己身體遭受的傷亡或保險期滿應結付的保險金。
③投保人因災害事故依法應付給他人的經濟賠償。
④投保人因另方當事人不履行合同所蒙受的經濟損失。
⑤災害事故發生後，投保人因施救保險標的所發生的一切費用。

除了以上基本職能，保險的職能還應加入運用資金（投資）和防災防損，它們雖不是保險特有的職能，但它們是由保險機制的內在動力產生，並非是外部力量強加的。主要有如下派生職能：

（1）防災防損職能。防災防損是風險管理的重要內容，由於保險的經營對象就是風險，因此，保險本身也是風險管理的一項重要措施。保險企業為了穩定經營，要對風險進行分析、預測和評估，看哪些風險可作為承保風險，哪些風險可以進行時空上的分散等。而人為的因素與風險轉化為實現損失的發生概率具有相關性，因此，通過人為的事前預防，可以減少損失。由此，保險又派生了防災防損的職能。而且，防災防損作為保險業務操作的環節之一，始終貫穿在整個保險工作之中。

保險的經營從承保到理賠，要對風險進行識別、衡量和分析，因此，保險公司累積了大量的損失統計資料，其豐富的專業知識有利於開展防災防損工作，進而履行其防災防損的社會職責。

從保險自身的經營穩定和收益角度來講，保險公司通過積極防災防損，就可減少保險的風險損失，增強其財務的支付能力，並增加保險經營的收益。

保險公司加強防災防損工作，就能積極有效地促進投保人的風險管理意識，從而促使其加強防災防損工作。可見，防災防損是保險的一個派生職能。

（2）融資職能。保險的融資職能，就是保險融通資金的職能或保險資金運用的職能。保險的補償與給付的發生具有一定的時差性，這就為保險人進行資金運用提供了可能。同時，保險人為了使保險經營穩定，必須壯大保險基金，這也要求保險人對保險資金進行運用。因此，保險又派生了融資的職能。而且，資金運用業務與承保業務

並稱為保險企業的兩大支柱。保險融資的來源主要包括：資本金、總準備金或公積金、各項保險準備金以及未分配的盈餘。保險融資的內容主要包括：銀行存款、購買有價證券、購買不動產、各種貸款、委託信託公司投資、經管理機構批准的項目投資及公共投資、各種票據貼現等。

3. 保險的代價

保險給社會帶來很大效益，也使社會付出代價，但其社會效益大於代價，這些代價是社會為了獲得保險效益而必須做出的一種犧牲。

（1）經營費用。保險公司的經營費用一般要占到保險費的20%，它包括銷售、管理、工資、利潤、稅收等支出，投保人是以附加保費的形式繳付的。

（2）詐欺性索賠。由於道德危險因素的作用，保險有可能使某些人進行詐欺性索賠。最明顯的例子是縱火造成的損失持續性增加，此外，有些人謊報自己的珍貴財產被竊，還有有組織的犯罪集團以得到保險公司賠償為目的而盜竊汽車。

（3）對防損工作的疏忽。由於心理危險因素的作用，保險有可能使某些企業疏忽防損工作。心理危險因素比道德危險因素更具有廣泛性，「躺在保險上睡覺」「著火不救」不乏其例，這要求在保險條款和費率上加以防範。

（4）漫天要價。保險使一些職業者索價過高。例如，在國外原告的律師在重大責任事故的訴訟案件中的索價經常超過原告的真實經濟損失。又如，醫生因病人有醫療保險而收取高額費用。

6.1.2 保險合同

保險合同是投保人與保險人之間設立、變更、終止保險法律關係的協議。依照保險合同，投保人承擔向保險人交納保險費的義務，保險人對保險標的可能遭受的危險承擔提供保障的義務。在保險事故發生後，保險人根據合同約定的範圍向被保險人或受益人給付保險金，或者在合同約定期限屆滿時向投保人或受益人給付保險金。

保險合同一般包括投保單和保險單，二者構成要約和承諾，附加包含一般約定的保險條款共同構成。有時候保險單會用其簡化方式——「保險憑證」替換。在特殊情形下，比如無標準化條款時，保險合同可以是當事雙方簽訂的書面協議；無法當時出具保險單時，保險合同可以是暫保單。一般，標準化的保險條款中會規定，保險合同由投保單、保險單、保險條款、批註、附貼批單、其他相關的投保文件、雙方的聲明、其他書面協議共同構成。

1. 保險合同的分類

保險合同按照不同的標準分成不同的種類，主要有以下幾種：

（1）按保險合同的標的劃分，保險合同可以分為財產保險合同和人身保險合同。這是中國保險法對保險合同的分類，也是基本的、常見的分類方法。財產保險合同的保險標的是財產及其有關利益，是補償合同；人身保險合同的保險標的是人的壽命和身體，是給付性合同。保險標的的不同是兩類合同的主要區別。

（2）按保險合同所負責任的順序劃分，保險合同分為原保險合同和再保險合同。

原保險合同是指保險人對被保險人因保險事故所遭受的損失給予原始賠償的合同，再保險合同是指保險人以其承保的危險責任，再向其他保險人投保而簽訂的保險合同。原保險又稱為第一次保險，一般的保險都是原保險合同。再保險又稱為第二次保險，再保險不利於提高保險人的承保能力和賠償能力。

（3）按每份合同的被保險人數分類。對於人身保險合同，依據每份合同承保的被保險人人數的不同，可以分為個人保險合同和團體保險合同兩大類。財產保險合同不以人為保險標的，所以不存在個人保險合同和團體保險合同的分類。人身保險合同，如果一份合同只承保一名被保險人，應屬於個人保險合同。對於個人保險合同，保險人要對被保險人的各方面情況進行風險選擇，根據被保險人的年齡、職業、健康狀況、經濟狀況、社會關係等決定是否承保，考慮保險金額是否適當，是否存在應當增加保險費的因素等，必要時還要進行身體檢查。如果一份人身保險合同將一個機關、企業、事業單位的大多數成員作為被保險人，就屬於團體保險合同。一份團體保險合同中被保險人所在的單位，必須是在訂立合同時即已存在的組織，而不是為投保人身保險而成立的組織。一個單位的成員投保同一種人身保險的人數必須占大多數，而且絕對數要達到一定人數。對於團體保險合同，保險人不對被保險人個人進行風險選擇，而是對被保險人所在單位從總體上進行風險選擇。根據該單位所屬的行業、工業性質、被保險人的年齡結構等決定是否承保以及適用何種保險費，一般不對被保險人進行身體檢查。

（4）按保險合同標的進行劃分，保險合同分為定值保險合同和不定值保險合同。定值保險是指保險人和被保險人在保險合同中確定保險價值，依照保險價值確定保險金額，保險人以此收取保險費和計算賠償金額的依據。不定值保險是指保險人與被保險人在保險合同中不確定保險標的的價值，而將保險金額作為損失賠償的最高金額，這種劃分只適宜財產保險合同，人身保險合同的標的是無價的。

2. 保險合同的內容

保險合同的內容，指保險合同當事人的權利和義務。由於保險合同一般都是依照保險人預先擬定的保險條款而訂立的，因此，保險合同成立後，雙方的權利義務主要體現在這些條款之中，保險合同的條款可分為法定條款和約定條款兩種類型，法定條款是指法律規定保險必須具備的條款，《保險法》第18條規定保險合同的必備條款有10項，即：

（1）保險人名稱和住所。

（2）投保人、被保險人名稱和住所以及人身保險的受益人的名稱和住所。

（3）保險標的。

（4）保險責任和責任免除。

（5）保險期間和保險責任開始時間。

（6）保險金額。

（7）保險費以及支付辦法。

（8）保險金賠償或者給付辦法。

（9）違約責任和爭議處理。
（10）訂立合同的年、月、日。

受益人是指人身保險合同中由被保險人或者投保人指定的享有保險金請求權的人。投保人、被保險人可以為受益人。保險金額是指保險人承擔賠償或者給付保險金責任的最高限額。

值得注意的是，採用保險人提供的格式條款訂立的保險合同中的下列條款無效：

（1）免除保險人依法應承擔的義務或者加重投保人、被保險人責任的。
（2）排除投保人、被保險人或者受益人依法享有的權利的。

同時，投保人和保險人可以約定與保險有關的其他事項，也可以協商變更合同內容。變更保險合同的，應當由保險人在保險單或者其他保險憑證上批註或者附貼批單，或者由投保人和保險人訂立變更的書面協議。

3. 保險合同的原則

（1）誠實信用原則。誠實信用原則是指保險合同當事人在訂立合同時及合同有效期內依法向對方提供可能影響對方是否締約以及締約條件的重要事實，同時絕對信守合同締結的認定和承諾。

（2）保險利益原則。保險利益原則是指投保人或被保險人對保險標的具有的法律上認可的利益。保險利益必須是合法利益、確定的利益、經濟利益。遵循保險利益原則的主要目的在於限制損害補償的程度，避免將保險變為賭博行為，防止誘發道德風險。

（3）損失補償原則。損失補償原則是指當保險事故發生時，被保險人從保險人所得到的賠償應正好填補被保險人因保險事故所造成的保險金額範圍內的損失。通過補償，使被保險人的保險標的在經濟上恢復到受損前的狀態，不允許被保險人因損失而獲得額外的利益。

（4）近因原則。近因原則是指在處理賠案時，賠償與給付保險金的條件是造成保險標的損失的近因必須屬於保險責任。近因是引起保險標的損失的直接、有效、起決定作用的因素。

4. 保險合同的特徵

保險合同所保障的標的是風險，所以它與一般的經濟合同相比，其特徵主要表現在以下五個方面：

（1）投保人必須對保險標的具有保險利益。在保險合同中，投保人、被保險人如果沒有保險利益，保險合同將是非法的，保險合同無效。保險利益必須是受到法律保護的，同時保險利益是可以用貨幣計算與估價的。

在財產保險合同中，保險利益應該具備以下條件：

①必須是合法利益。即這種利益對於投保人來說，不是違背法律或社會善良風俗而取得的，如以盜竊所得贓物投保是無效的。

②財產保險的主要目的是賠償損失，如果損失不能以金錢計量，就無法賠償，所以如收藏物、家養的花草等，雖然對被保險人來說具有相當的利益，但難以用金錢計

算，因而不能成為財產保險的標的。

③必須是確定的利益。無論是現有利益或預期利益，在保險事故發生前或發生時必須能夠確定，否則保險人難以確定是否賠償，或賠償多少。

在人身保險合同中，根據法律和保險業的慣例，投保人與被保險人只有存在如下關係時，才具有保險利益。

①婚姻關係。如丈夫可為妻子投保。

②血緣關係。如子女可為父母投保，父母亦可為子女投保，但除此之外，對於家庭其他成員或近親屬，投保人則必須與之有撫養、贍養和扶養的關係，才具有保險利益。

③撫養、贍養和扶養關係。

④債權債務關係。債務人若在償債期間死亡，債權人將面臨難以收回債權的危險，故此債權人對債務人具有保險利益。

⑤勞動關係或某種合作關係。如用人單位或雇主，對於職工或雇員的生老病死負有法定的經濟責任，自然就具有保險利益；合夥企業的合夥人之間，一旦某一合夥人死亡，可能導致合夥事業難以為繼，互相之間當然具有保險利益。

⑥本人。投保人對於自身的生老病死具有切身經濟利益，投保人可以為自己投保，成為被保險人。

（2）訂立合同必須先履行告知義務。告知是保險人確定是否承保、怎樣確定保險費率以及投保人是否投保、投保金額大小的重要依據，投保人在訂立保險合同時，通常應告知下列重要事實：

①投保人保險史，如果投保人曾經被另外一個保險人就同一險種拒絕承保，無論是什麼理由都是重要事實。

②投保人的品行，特別是關於詐欺方面的犯罪，都是必須告知的重要事實。

《保險法》還規定，投保人故意不履行如實告知義務，保險人不承擔賠償或給付保險金的責任，並不退還保險費，但因過失而未履行義務，保險人員不承擔賠償或給付保險金的責任，但還可以退還保險費。顯而易見，如實告知義務對保險合同雙方當事人來說都是十分重要的。

（3）保險合同是一種保障性合同。與一般的經濟合同不一樣，保險合同中投保人的債務是確定的，保險費一定要支付，而保險人承擔的債務（指保險金的賠償或給付）是不確定的，取決於偶然事件的發生與否。實際上保險人的義務應該說是對投保人提供經濟上的保障，這種經濟上的保障，對投保人來說是一種期待的利益。

（4）保險合同是一種格式合同。保險合同的內容是由保險人提出，投保人只能在此基礎上做出投保或不投保的決定。

（5）保險合同是一種射幸合同。「射幸」即碰運氣的意思。在保險合同的有效期內，若發生保險標的的損失，被保險人從保險人處將得到遠遠超過其支付保險費價值的賠償金額；反之，若無損失發生，被保險人只付出保費而無任何收入。

6.1.3 保險的險種

保險的險種是按保險對象對保險業務進一步分類。

1. 財產保險

財產保險指的是，投保人根據合同約定，向保險人交付保險費，保險人按保險合同的約定，對所承保的財產及其有關利益，因自然災害或意外事故造成的損失而承擔賠償責任的保險。財產保險是以財產及其有關利益為保險標的。廣義上，財產保險包括財產損失保險（有形損失）、責任保險、信用保險等。與家庭有關的僅指財產損失保險，主要有家庭財產保險及附加盜竊險、機動車保險、自行車保險、房屋保險、家用電器專項保險等。

至於可保財產，一般包括物質形態和非物質形態的財產及其有關利益。以物質形態的財產及其相關利益作為保險標的的，通常稱為財產損失保險，例如，飛機、衛星、電廠、大型工程、汽車、船舶、廠房、設備以及家庭財產保險等。以非物質形態的財產及其相關利益作為保險標的的，通常是指各種責任保險、信用保險等，例如，公眾責任、產品責任、雇主責任、職業責任、出口信用保險、投資風險保險等。但是，並非所有的財產及其相關利益都可以作為財產保險的保險標的。只有根據法律規定，符合財產保險合同要求的財產及其相關利益，才能成為財產保險的保險標的。

2. 責任保險

責任保險以被保險人致人損害依法應當承擔的損害賠償責任為標的，為填補被保險人的損害之第三人保險。性質上是填補損害保險責任保險。其構成須具備兩個條件：一是被保險人對第三者依法負有賠償責任；二是受害的第三者必須向被保險人請求賠償。

責任保險作為一類獨立體系的保險業務，開始於19世紀中葉，發展於20世紀70年代。責任保險的產生與發展壯大，被稱為保險業發展的第三階段，使保險業由承保物質利益風險和人身風險後，擴展到保各種法律風險。在責任保險發展的最初幾十年，並沒有得到足夠的重視。直至20世紀中葉，隨著社會發展，各種民事活動急遽增加，法律制度不斷健全，人們的索賠意識不斷增強，終於使責任保險在20世紀70年代以後的工業化國家得到了全面迅速的發展，進入了黃金時期。雖然責任保險發展的時間相對其他保險而言非常短，但是目前已經成為具有相當規模和影響力的保險險種。

國際保險發展的歷史表明，責任保險的發展程度是衡量一國或地區財產保險業發達與否的重要指標。有關資料顯示，美國的責任險業務是非壽險公司的支柱性險種，責任保險市場自20世紀後期即佔整個非壽險業務的45%~50%；在歐洲國家則佔30%左右，有的國家高達40%；日本也達25%~30%。進入20世紀90年代以後，許多發展中國家也日益重視發展責任保險業務，這一指標的全球平均數為非壽險業務的20%以上。責任保險滲透到社會生活的各個方面，促進了社會的進步和發展，起到了維護社會穩定的作用。

3. 財產保險綜合險

財產保險綜合險是專為企事業單位提供保障的一個險種。任何屬於被保險人所有或與他人共有而由被保險人負責的財產、由被保險人經營管理或替他人保管的財產、其他具有法律上承認的與被保險人有經濟利害關係的財產都可在保險標的範圍內。

財產保險綜合險也是團體火災保險業務的主要險種之一，它在適用範圍、保險對象、保險金額的確定和保險賠償處理等內容上，與財產保險基本險相同，不同的只是保險責任較財產保險基本險有擴展。

4. 人身保險

人身保險是以人的壽命和身體為保險標的的一種保險。當人們遭受不幸事故或因疾病、年老以致喪失工作能力、傷殘、死亡或年老退休時，根據保險合同條款的規定，保險人對被保險人或受益人給付預定的保險金或年金，以解決病、殘、老、死所造成的經濟困難，是對社會保障不足的一種補充。

人身保險包括人壽保險、健康保險和人身意外傷害險。

（1）人壽保險。它簡稱壽險，是一種以人的生死為保險對象的保險，是被保險人在保險責任期內生存或死亡，由保險人根據契約規定給付保險金的一種保險。

（2）健康保險。它是一種以非意外傷害而由被保險人本身疾病導致的傷殘、死亡為保險條件的保險。

（3）人身意外傷害保險。它是一種以人的身體遭受意外傷害為保險條件的保險。

6.2 保險經紀人

6.2.1 保險經紀人現狀和基本理論

1. 保險經紀人的現狀

保險經紀人在現代風險管理中起著重要的作用，他們為客戶設計保險方案，選擇保險人，並提供風險管理諮詢服務。保險經紀人在國外已有 400 多年的歷史，在中國也有 100 多年的歷史了。最早的文字記載見於 1899 年 9 月《申報》刊登的《火線捐客公所章程》，是有關保險經紀人的管理章程。1935 年在上海成立的由潘垂統主辦的潘安記保險事務所是當時比較規範的保險經紀機構之一。1936 年 12 月 6 日，成立了上海市保險業經紀人公會。現在在英美等保險業發達的國家，保險經紀人在保險仲介市場上扮演著重要角色。

在國際保險市場上，英國的保險經紀制度影響最大，保險經紀人的力量最強。據統計，英國保險市場上有 800 多家保險公司，而保險經紀公司就超過 3,200 家，共有保險經紀人員 8 萬多名。英國保險市場上 60% 以上的財險業務是由經紀人帶來的，「勞合社」的業務更是必須由保險經紀人來安排。英國的保險經紀人制度起源於海上保險。英國第一家保險經紀公司成立於 1906 年，並於 1910 年被英國政府貿易委員會予以註

冊。1977年，英國通過了《保險經紀人法》，並設立了專門的法案機構即英國保險經紀人協會和英國保險經紀人註冊理事會（IBRC）。

在德國保險市場上，保險經紀人作用顯著。在德國，保險代理人被稱作是保險人「延長的手」，而獨立保險經紀人則有被保險人的「同盟者」之稱。目前，德國的保險經紀人總數為3,000多人。在個人保險業務方面，8%的業務量是由經紀人帶來的，高於銀行代銷（5%）和保險公司直銷（7%）。而在工業企業保險業務的銷售上，保險經紀人更是舉足輕重，50%~60%的業務量是由經紀人帶來的，遠遠超過了保險代理人（10%~20%）的業務量。此外，在德國，對保險經紀人的管理主要依據《民法》來進行。德國《民法》規定，保險經紀人在從事保險經紀活動過程中，因自身過錯造成委託人損失的，應單獨承擔民事法律責任。而且保險經紀人必須投保職業責任保險，以維護他們所服務對象的利益。

美國保險市場是世界上最大的保險市場之一。1998年，全美全部業務的保費收入達7,364.7億美元，居世界首位。壽險業務保費收入為3,493.9億美元。美國保險市場上保險公司眾多，達五千多家。保險經紀人在美國市場上發揮著一定的作用，但遠沒有英國那麼重要。在財險方面，美國以保險代理人和保險經紀人為中心，進行保險行銷。

日本保險行銷制度有自己鮮明的特點。日本保險行銷主要依靠公司外勤職員和代理店來進行。其非壽險90%以上的業務由代理店來招攬。1996年4月，日本新的保險法開始實施，經紀人這一形式才被引進。日本引進經紀人制度採用的是登記制（申請登記即可），而不是執照制。經紀人直接向大藏省登記註冊，但要求經紀人寄存一定數目的保險金，超過最低保證金的部分由經紀人投保賠償責任保險（E&Q）。

在中國，保險經紀人在中華人民共和國成立後曾消失了40多年。在《保險法》1995年正式出抬以前，在中國沿海地區和中心城市陸續出現了一些保險經紀人地下活動或類似保險經紀人的組織，特別是在深圳經濟特區。隨著中國經濟改革和對外開放，引進了大量外資，出現了許多「三資」企業，一些境外保險經紀公司也乘機進入中國保險市場，或明或暗地從事保險經紀業務，獲取了大量的非法佣金收入。與其讓境內外保險經紀人不規範地從事保險經紀活動，還不如盡快地讓保險經紀人規範化地進入市場。在這方面，我們可以借鑑國外的成功經驗建立符合中國保險業發展需要的保險經紀人制度。

開放中國保險市場是中國加入世貿組織的重要條件之一。中國政府已承諾有條件地開放包括保險業在內的服務業，外資保險經紀公司也屬於開放之列。1998年2月公布的《保險經紀人管理規定（試行）》明確指出：「本規定適用於在中華人民共和國依法成立的中資保險經紀有限責任公司、外資保險經紀有限責任公司和中外合資保險經紀有限責任公司。」

1999年12月16日，中國保監會首批批准北京江泰、廣州長城、上海東大三家全國性保險經紀公司籌建，這三家保險經紀公司分別於2000年6月、7月正式開業。中國保監會於2009年9月頒布了《保險經紀公司監管規定》。截至2012年年底，開業的

保險經紀機構共 434 家，共實現保費收入 421.06 億元，占當年全國總保費收入的 2.7%。

2. 保險經紀人的基本理論

與其他市場一樣，保險市場包括買方和賣方，還有為保險服務的中間人。保險中間人，也稱保險仲介，是指向保險人和投保人提供有關各種可能獲得的保險價格，保險特性以及所要承保的危險性質方面的知識，將保險人和投保人聯繫在一起，最後達成保險契約並提供相關服務的人，一般包括保險代理人、保險經紀人和保險公估人。保險經紀人是指代表被保險人在保險市場上選擇保險人或保險人組合，同保險方洽談保險合同條款並代辦保險手續以及提供相關服務的中間人。

《保險法》第一百二十三條規定：保險經紀人是基於投保人的利益，為投保人與保險人訂立保險合同提供仲介服務，並依法收取佣金的單位。中國還規定，從事保險經紀業務的人員必須參加保險經紀人員資格考試；凡具有大專以上學歷的個人，均可報名參加保險經紀人員資格考試；保險經紀人員資格考試合格者，由中國保險監督管理委員會核發《保險經紀人員資格證書》（以下簡稱《資格證書》）；《資格證書》還只是對有保險經紀能力人員的資格認定，不能作為執業證件使用。《保險經紀人員執業證書》才是保險經紀人員從事保險經紀活動的唯一執照。已取得《資格證書》的個人，必須接受保險經紀公司的聘用，並由保險經紀公司代其向中國保險監督管理委員會申領並獲得《保險經紀人員執業證書》後，方可從事保險經紀業務。

保險經紀人的主要經營業務如下：

（1）以訂立保險合同為目的，為投保人提供防火、防損或風險評估以及風險管理諮詢服務。通過保險經紀人提供的以上專門服務，可以使被保險人的防災工作、風險管理工作做得更好，就可以以較低的費率獲得保障利益。

（2）以訂立保險合同為目的，為投保人擬訂投保方案，辦理投保手續。投保方案的選擇是一項專業技術性很強的工作，被保險人自己通常不能勝任，保險經紀人就可以以其專業素質，根據保險標的情況和保險公司的承保情況，為投保人擬訂最佳投保方案，代為辦理投保手續。

（3）在保險標的或被保險人遭遇事故和損失的情況下，為被保險人或受益人代辦檢驗、索賠。

（4）為被保險人或受益人向保險公司索賠。

（5）再保險經紀人憑藉其特殊的仲介人身分，為原保險公司和再保險公司尋找合適的買（賣）方，安排國內分入、分出業務或者安排國際分入、分出業務。

（6）保險監管機關批准的其他業務。

保險經紀人有嚴格的執業規則，世界各國對其都實行嚴格的執業管理。《保險法》規定，因保險經紀公司過錯，給投保人、被保險人造成損失的，由保險經紀公司承擔賠償責任。為了更好維護雙方的權利和義務，減少保險經紀糾紛，保險經紀人一般採取合同的方式為客戶服務。保險經紀人的合同行為是由保險經紀人的民事法律行為性質決定的。由於保險經紀人行為具有居間、委託代理和諮詢的內容，因而根據《中華

人民共和國合同法》，其相應的規範合同有居間合同、委託合同和諮詢合同。

（1）居間合同。由於保險居間是保險經紀人根據投保人的委託，基於投保人的利益為投保人與保險人訂立保險合同提供仲介服務並依法收取佣金的法律行為，因而保險經紀人在接受投保人為其尋找保險人的委託時與投保人簽訂的合同為居間合同。保險經紀人的居間行為既具有居間合同的一般屬性，同時也有其特性。在保險居間行為中，居間人的佣金是從保險人那裡取得的，而非從委託人手中取得。原因在於雖然保險經紀人此時是代表投保人利益，為投保人尋找保險人的，但在為投保人找到訂約機會的同時也為保險人招攬了保險業務。

（2）委託合同。由於保險經紀人可為投保人辦理投保手續，為被保險人或受益人代辦檢驗、索賠，因而此時的保險經紀人實際上是委託人的代理人，此時的合同行為是委託合同行為。

（3）諮詢合同。諮詢是保險經紀人根據委託人的要求對特定項目提供預測、論證或者解答，並由委託人支付諮詢費的行為。例如，為投保人提供防災防損或風險評估、風險管理諮詢等高附加值的服務。為了使這種諮詢行為規範化，以保護當事人的合法權益，保險經紀人在提供諮詢服務前應與委託人簽訂諮詢合同。

無論是哪一類保險經紀合同，其簽訂均必須遵守法律規定，遵循誠信、自願、平等、公平等訂立合同的一般原則，並且具有諾成合同、非要式合同和有償合同的特徵，同時應當具有以下基本條款：項目名稱，保險經紀服務的內容、方式和要求，有關的保密事項和信用事項，履行期限、地點和方式，佣金或諮詢費標準及支付方式，違約責任及違約金或損失賠償額的計算方法，爭議的解決方法。

保險經紀人通過向投保人提供保險方案、辦理投保手續、代投保人索賠並提供防災、防損或風險評估、風險管理等諮詢服務，使投保人充分認識到經營中自身存在的風險，並參考保險經紀人提供的全面的、專業化的保險建議，使投保人所存在的風險得到有效的控制和轉移，達到以最合理的保險支出獲得最大的風險保障，降低和穩固了經營中的風險管理成本，保證了企業的健康發展。

另外，因為保險經紀人的業務最終還是要到保險公司進行投保，保險經紀公司業務量的增加會引起保險公司整體業務量的增加，從而降低了保險公司的展業費用；在保險市場上，保險經紀人把保險公司的再保份額順利地推銷出去，消除了保險公司分保難的憂慮，大大降低了保險公司的經營風險；而且保險經紀人代為辦理保險事務，減少了被保險人因不瞭解保險知識而在索賠時給保險人帶來的不必要的索賠糾紛，提高了保險公司的經營效率。

因此，保險經紀人的產生不管是對投保人還是對保險公司都是有利的，他的產生是保險市場不斷完善的結果。

6.2.2 保險經紀人的運作和監管

保險經紀人的基本崗位職責如下：
（1）發現潛在客戶的保險需求，爭取成為客戶認可的保險經紀人。

（2）對客戶面臨的風險進行調研、查勘，提供風險評估報告。

（3）針對客戶面臨的風險制定風險管理方案，其核心為保險方案。

（4）協助或代表客戶進行保險採購，選擇合適的保險人和保險方案。

（5）協助客戶辦理投保、繳費等手續。

（6）審核保險協議、保險合同、保險單等技術文件。

（7）對客戶保險相關人員進行保險培訓，告知保險方案內容、被保險人義務、保險報案方式、保險公司及經紀公司聯繫人等重要保險事宜。

（8）發生保險事故後，協助客戶報案、收集報案材料、查勘現場、代表客戶與保險公司談判等。

（9）日常聯繫、定期報送保險服務情況等其他工作。

保險經紀人的收入主要來自佣金。在保險市場上，由保險人支付佣金是一種主要的形式。保險經紀人代保險客戶像保險公司投保一定險別後，保險公司從保險費中提取一定比例給保險經紀人，即佣金。保險經紀人佣金的數量取決於介紹成功的保險業務的數量和質量。保險業務數量多、質量高，佣金就多；反之就少。佣金的高低往往影響保險費的升降。大型企業的風險經理憑其實力可以與經紀人就保險佣金比例進行討價還價，而保險經紀人為了同其他保險經紀人競爭往往會同意降低佣金比率。保險客戶為了評估經紀人的服務質量，一般會要求保險經紀人公開其年度佣金收入。

有些國家，如美國，也有由保戶支付勞務報酬，或者由保險方或保險客戶共同支付佣金等形式。在美國，一些中大型企業的風險經理可以通過與保險經紀人磋商來確定以勞務費的形式支付經紀人的報酬。這些勞務報酬是由企業支付的，可消除佣金制度中保險經紀人所固有的對降低保險費的抵觸情緒，並且還使經紀人的收入不受保險業務的週期性影響。

這樣看來，佣金制度和勞務報酬各有利弊。近年來，在發達國家保險市場上，由於競爭激烈，保險經紀人趨向於以為客戶爭取最小成本的保險保障來吸引客戶。為了避免由此造成佣金收入越來越少的趨勢，保險經紀人傾向於以勞務報酬的形式獲得收入。

6.3　專業自保公司

在之前風險自留的具體措施中已經提到過專業自保公司。這裡我們進一步對其做詳細的介紹。

專業自保公司在19世紀中期就出現了。當時由於投保人發現傳統的保險險種和保險費率無法滿足他們的保險需求，因而創建了自己的保險機構。例如，在19世紀40年代，美國的一些船東不滿意於倫敦勞合社承保人提供的海上保險服務，因而創辦了Atlantic Mutual；1845年，倫敦的一些貨棧主因為無法從保險人那裡獲得所需的保險保障，於是創辦了Royal Insurance Company來滿足其承保要求。這些相互獨立的事件，被

看作是專業自保公司的萌芽和雛形。直到20世紀60年代初，專業自保公司才開始真正發展起來，現在已成為國際保險市場上一支十分重要的力量。國際上越來越多的企業擁有了自己的專業自保公司，據統計，目前在世界財富500強企業中有超過80%的企業設立了專業自保公司。

6.3.1 專業自保公司的分類

專業自保公司根據其所有權、經營範圍、運作功能和註冊地點的不同而有所差別。因此，可將專業自保公司分為以下幾類：

1. 按所有權劃分

專業自保公司既可以由一家獨立的企業擁有，也可以代表多個彼此並不相關企業的利益。前者被稱為單親專業自保公司（Single-Parent Captive），佔了全球專業自保公司總數量的75%，後者被稱為多親專業自保公司（Multi-Parent Captive），各參與公司共出保費、共擔風險，這種方式在美國十分流行。另外，還有一種協會專業自保公司（Association Captive），其組織框架和經營目的方面同多親專業自保公司相似，區別僅在於專業自保公司是由專業組織、貿易協會和其他類似機構組建的。

2. 按經營範圍劃分

專業自保公司可以分為純粹專業自保公司（Pure Captive）和開放市場專業自保公司（Open-Market Captive）。前者是僅僅承保其母公司業務的專業自保公司。大多數專業自保公司建立在這一基礎之上。後者除了承保其母公司的業務之外，還承保其他公司的風險，即承保所謂「非相關業務」。

3. 按運作功能劃分

一家專業自保公司既可以在直接基礎上經營也可以在再保險的基礎上經營。基於直接方式運作的專業自保公司直接向客戶簽發保單；而基於再保險方式運作的專業自保公司將通過公司出面與保險人（Fronting Insurer）簽發保單。由於許多國家對於部分或全部業務僅允許那些被授權或那些因符合法律中的地域要求而得到批准的保險公司來經營，所以直接專業自保公司在業務上受到了限制。

4. 按註冊地點劃分

由於某些原因（例如稅率低和管制鬆等），許多專業自保公司都設立在「離岸」地區。百慕大地區聚集了全球1/3以上的專業自保公司，這是因為該地除了無所得稅和外匯管制外，還有發達的證券交易系統、穩定的政治環境、完備的商業法律體系、高度發達的司法和專業人才結構、便利的海空交通和高度發達的保險業等強大優勢。除了百慕大，專業自保公司的聚集中心還有開曼群島、佛蒙特、巴巴多斯、盧森堡、新加坡、中國香港等地。然而，由於法律框架和政治方面等原因一些專業自保公司還是定位在國內組建。

5. 按經營方式來劃分

以經營方式來劃分，自保公司可以分成單一自保公司、聯合自保公司、風險自留集團、公共機構集團和租借式自保公司五類。

(1) 單一自保公司。由一個商業組織擁有的自保公司稱為單一自保公司。它的業務安排流程如下：

交保險費：母公司——自保公司——再保險公司。

損失賠償：再保險公司——自保公司——母公司。

某些分權制公司運用此類自保公司得到了與相互公司同樣收效，主要是因為這類自保公司從被保險人各經營單位得到的收益，超過了僅從一個絕對所有人那裡獲得的收益。

(2) 聯合自保公司。聯合自保公司（Association Captive），或稱集團自保公司（Group Captive），是一個代表多個彼此並不相關的商業組織利益的自保公司。這些商業組織共出保費、共擔風險。比如，A、B、C、D、E 五個參與公司，分別交保費給同一個自保公司，該自保公司統一向再保險公司辦理再保業務，這種自保公司則屬聯合自保公司。

(3) 風險自留集團。風險自留集團（Risk Retention Groups），是產生於美國的一種特殊形式的聯合自保公司，其母公司是許多專門承保某種特定責任風險的組織。這種自保公司是經美國1981年的產品責任風險自留法案和1986年的責任風險自留法案的批准在美國成立的。1996年年初，美國共有67個風險自留集團，其年保費額超過6.4億美元（Risk Retention Report, 1995）。1981年的法案允許為解決由於產品責任保險給付無力或其他原因帶來的受害人求償無門的情形，可以成立以此為目標的風險資本集團。1986年法案擴大了自留集團可承保的責任風險範圍。

(4) 公共機構集團。除以上幾種自保公司外，還有大約430家公共機構集團（Public Entity Pools），主要集中在美國，年保費額達50億美元。因為這種集團從法律上講只是「區際集團」而並非正式保險公司，因而這類機構不屬於一般意義上的自保公司，但它確實是創新風險融通市場的一個主要部分。據某些機構估計，約有43%的美國政府機構都參加了該集團。公共機構集團的興起，主要是由美國20世紀70年代中期和80年代中期在傳統保險業發生的兩次危機而造成的。

(5) 租借式自保公司。所謂租借式自保公司，也是保險公司的一種，該公司向與之並不相關的組織提供保險和自營保險，並將承保收益和投資收益繳付給被保險人。他們通常是由一些保險仲介、投資者和風險管理人創辦的離岸保險公司，其目的是吸引那些缺乏資金的商業組織，或是吸引那些不願意出資創辦自保公司的商業組織。在租借式自保方式中，實際上是被保險人租賃了另外機構的資金，從而更有效地抵禦可能發生的風險。這裡，被保險人並不實際控制自保公司，只是對其保費和保險事故賠償的會計計帳進行監管。儘管租借式自保公司創辦時，在資金和管理方面較普遍的自保公司容易些，但一般而言，租借式自營保險只是一個短期的解決方案，經常需要高額的附屬擔保並且成本很高，還容易產生巨大的財務交易對手風險，即租借式自保公司的組織者很可能會不恰當地處置資金，使自保公司實際上是為管理者謀取利益的冒險企業。

6.3.2 專業自保公司的構建

專業自保公司成功的關鍵因素之一是要有營運公司的管理技術與知識。在過去的40年中，越來越多的經紀人與諮詢者建立起了專業自保公司的管理公司。這解決了專業自保公司的母公司缺乏經營專業自保公司經驗的問題。因此，建立專業自保公司可以充分利用這些專業的服務。在建立專業自保公司時，還需要完成從多個方面進行調查研究。

1. 可行性研究

在建立專業自保公司前，通常要進行詳細的可行性研究。這樣的可行性研究通常可以由內部員工、專業自保公司有經驗的經紀人、專業自保公司的管理公司或獨立的諮詢者來實行。近來，眾多會計事務所也進入了專業自保公司可行性研究的領域。

大多數大型的經紀公司與專業自保公司的管理公司對專業自保公司的可行性研究都有相當專業的分析，但它們也有兩方面的局限。一方面，有些公司有偏好專業自保公司的傾向，而另一些則有反對專業自保公司的傾向；另一方面，它們都不會徹底地考慮其他工具，特別是一般的自保方式。許多財務公司的可行性分析貌似精明，分析結論當然是可行的，但這就像一個人去詢問 IBM 公司他該不該買電腦一樣，並沒有實質性的參考價值。

專業自保公司的可行性研究不應局限於將專業自保公司與其他的風險財務安排方法進行比較。另外，可行性研究應該由那些擁有豐富學識且與得出結論沒有利益關係的人來實施。

2. 前臺公司安排

在保險的某些領域，尤其是在員工賠償和汽車責任保險方面，對保險人的資格要求較高，一般的專業自保公司不具備這樣的資格。但是，一般的專業自保公司可以為有資格的保險公司提供服務，則該有資格的保險公司就是前臺公司。

當然，利用前臺公司需要付出代價。如為前臺公司支付成本，並對前臺公司予以補償。前臺公司必須提供保單，雖然風險完全由專業自保公司再保險，但前臺公司對被保險人負有合同上的責任。如果專業自保公司無法履行義務時，前臺公司仍然必須償付保險範圍內的損失。

3. 作為再保險公司的專業自保公司

專業自保公司有時可作為再保險公司，承擔由其他保險公司保險的風險。在有些情況下，再保險安排主要針對母公司的風險，由前臺公司先提供保險，然後由專業自保公司再保險。當然，在其他情況下，專業自保公司再保險的是與母公司無關的風險。

甚至專業自保公司還能再構建專業自保公司。在美國，10 家擁有專業自保公司的企業組建了一家名為「企業保險和再保險公司」的實體。現在，它的股東有 14 家，專門為其成員集中的風險投保，收取的保險費在 5,000 萬美元以上。

6.3.3 建立專業自保公司的優劣勢分析

建立專業自保公司作為一種企業風險管理的方式，如果能夠減少企業的風險成本，那麼以它代替傳統的商業保險不僅是可取的，也將給企業帶來長遠利益。企業建立專業自保公司的優勢所在有以下四個方面：

1. 對保險成本的分析

首先，由於傳統商業保險市場上的「逆選擇」問題使投保的一部分低風險企業不得不承擔一個較合理費率更高的平均費率。由於信息是不對稱的，也即投保企業比保險公司更為清楚自己可能遭遇的損失賠償風險，因此這些低風險的公司通過建立自己的專業自保公司作為一種新的風險融資安排，從而改變在傳統保險市場中所處的不利地位。從這個意義上，專業自保公司的建立暗含著一個前提，就是它所提供的保險服務的對象——被保險企業的潛在損失風險較小，因此決定了專業自保公司的保險費率也比較低。

其次，專業自保公司作為企業的一種風險融資工具，可以減少或者避免許多在傳統商業保險市場上的花費，如佣金、保費的賦稅、其他有如董事會費的管理費用以及利潤附加：而正是這些經營費用構成了傳統商業保險保費組成中的附加保險費，據統計，美國和歐洲的傳統商業保險公司都負擔著20%～30%的費用率，在亞洲、非洲、拉丁美洲這一比率可能還要高一些。由於專業自保公司的保費基本上只按照純費率計算，不附加上述費用，因此能夠釐定較低的保費率，從而為企業節約了大筆的保費支出。

最後，專業自保公司這種機制可以降低傳統商業保險中產生的道德風險，通過減少損失來降低企業的保險成本。傳統的商業保險在一定程度上降低了被保險企業防範損失和降低損失的積極性，因為企業知道自己的損失會得到保險公司的賠償。這種情況使得實際的損失往往超過本來的水準，從而也造成了現實生活中高額的保險費率。而建立專業自保公司的企業會繼續保持原有防範、降低損失的積極性，督促和加強風險控制方面的工作，因此從客觀上降低了企業的保險成本。

2. 對機會成本的分析

傳統的商業保險公司提供的企業保險一般以一年為期限，要求投保企業在年度初始就繳納保險費，而保險公司支付損失賠償金往往滯後一段時間，這就使企業喪失了可用現金流在這段時間內的投資收益，導致很高的機會成本。當面臨高收益的投資機會並對投資回報有良好的預期時，專業自保公司能夠在最大限度內降低母公司的保費現金流出，允許母公司自由靈活地支付保費，有的甚至允許母公司在災害事故發生後再支付保費。專業自保公司所提供的優惠的保費支付安排能夠優化企業的現金流管理，有利於增加企業的投資收益，降低投保的機會成本。

3. 對稅收待遇的分析

如前所述，建立專業自保公司作為企業風險自留的一種特殊形式，其產生之初的一個很重要的動機在於獲得稅收方面的優惠。相對於企業風險自留的其他融資形式，專業自保公司被稅收部門歸於保險公司一類，不但可以在已決賠款和費用中享受稅收

減讓，而且還能夠在報告賠款和發生未報賠款準備金中獲得稅收減免。另外，專業自保公司還可以享受離岸註冊地給予的稅收優惠待遇。

4. 對承保能力的分析

專業自保公司提供的承保服務較之傳統的商業保險在範圍和靈活性方面均有所突破。

從承保範圍的角度來看，在傳統的商業保險中，企業和保險公司經常就什麼風險可以承保，什麼風險不能承保爭論不已，以至於常常妨礙正常保險業務的辦理，有時還會動用訴訟來解決爭議。而專業自保公司的立足點是為企業提供充分的保險保障，可以為其不斷變化著的、特定的投保需求提供承保範圍更寬的保險服務。這一優勢在風險形式千變萬化的當今社會中尤為重要。

從承保靈活性的角度來看，專業自保公司可以為企業提供更具個性化的承保服務。一方面，它既可以根據企業自身的需要提供較之傳統商業保險更高金額、更長期限的保險產品，也可以為企業量身定做不同的保險產品組合，即把企業面臨的不同種類的風險「打包」承保；另一方面，專業自保公司能夠根據母公司旗下各子公司的風險水準和特定需求來確定相應不同的保險費率、承保金額和自留額度等保險條款，具有很強的針對性和靈活性。

雖然建立專業自保公司優勢巨大，但同時其具有的缺點也不可忽視，主要缺點如下：

（1）業務量有限。雖然多數專業自保公司可以接受外來業務，擴大營業範圍，但大部分業務仍然來自於組建人及其下屬，因而風險單位有限，大數法則難以發揮其功能。

（2）風險品質較差。專業自保公司所承保業務，多數是財產風險以及在傳統保險市場上難以獲得保障的責任風險。這些風險有時相當集中、損失頻率高、損失幅度大，且賠償時間可能拖着很久。因此經營起來，難度頗大。

（3）組織規模簡陋。與傳統的保險公司不同，專業自保公司的規模通常是比較小的，其組織機構也很簡單，因此，專業人才不多，經營水準提高困難。

（4）財務基礎脆弱。專業自保公司的資本金較小，財務基礎脆弱，業務發展因此受限。雖然可以吸收外來業務，但若來源不穩、品質不齊，則更加增添財務負擔。

7 風險管理決策

本章重點

　　1. 瞭解風險管理決策的內容、意義和原則。
　　2. 掌握損失期望值分析法、效用期望值分析法、決策樹分析法在風險管理局決策中的應用。

7.1　風險管理決策概述

　　每一個風險單位面臨的風險都是紛繁複雜的，而對付一種特定的風險可以採用的方法又是多種多樣的。風險管理的前期工作都是為決策工作提供必要的信息資料和決策依據，以幫助風險管理人員制定盡可能科學、合理的風險管理決策。

　　任何一種管理活動實際上都是制定決策和實施決策的過程，決策的科學合理性對實現管理活動的目標具有至關重要的作用。就風險管理而言，由於風險的複雜善變和環境的多種多樣，任一種單一的風險管理方法都不可能達到風險管理的目的，而必須由風險管理人員在可供使用的全部方法中做出選擇。確切地說，風險決策就是根據風險管理的目標，在風險識別和衡量的基礎上，對各風險管理方法進行合理的選擇和組合，並制訂出風險管理的總體方案。決策是整個管理活動的核心和指南。方案選擇錯誤，決策失誤，成本代價接踵而至；決策正確，事半功倍。

7.1.1　風險管理決策的含義和內容

　　風險管理決策是指根據企業風險管理的目標和總體方針，通過分析企業所處的環境和條件，選擇風險管理的技術和方法的活動和過程。具體地說，對於一種或一組特定的風險，企業一般面臨多種可行的風險管理方案，從中選擇一種符合給定條件的最佳方案就是風險管理決策的核心內容。

　　按照風險管理過程的內容，風險管理決策所要解決的是如何從總體角度，根據風險管理的目標和風險的程度，綜合選擇各種風險管理技術，以最低的費用制訂總體方案或總體計劃。從嚴格意義上講，風險管理決策應包括以下四個基本內容。

　　（1）信息決策過程。瞭解和識別各種風險的存在及風險的性質，估計風險的大小。

（2）方案計劃過程。針對某一具體的客觀存在的風險，擬訂風險處理方案。

（3）方案選擇過程。根據決策的目標和原則，運用一定的決策手段選擇某一個最佳處理方案或幾個方案的最佳組合。

（4）風險管理方案評價過程。由於風險具有隨機性和不確定性，因此，應該對所選擇的方案進行評價和修正。

7.1.2 風險管理決策的意義和原則

為達到以最小投入獲得最大安全保障的目標，必須在所有的對策中選擇最佳組合，這就是風險管理決策過程的工作內容。

風險管理決策在整個風險管理過程中是重要的一環，是貫穿各個程序的一條主線。沒有科學的風險管理決策，也就無法實現風險管理的目標。同時，前期工作如風險識別和風險衡量是風險管理決策的基礎。

決策工作在風險管理中的關鍵作用可從決策本身的內涵中得到體現：其一，風險管理決策取決於風險管理的宗旨，風險管理決策對應風險管理目標，是實現風險管理目標的保障和基礎，必須確保所採取的風險管理決策能達到以最少的費用支出獲得最大的安全保障這一管理目標。其二，風險管理決策是對各種風險管理方法的優化組合和綜合運用，從宏觀的角度制訂總體行動方案。風險管理計劃的編製要依據風險管理目標，分析風險因素、風險程度，瞭解可供選擇的方法的利弊及成本，在綜合評價後做出合理的選擇和組合。

事實上，人們在面對風險時都在有意識或無意識地運用不同的風險管理方法，如避免風險、轉移風險、自留風險，採用防損技術或者綜合運用各種方法。作為一門新興學科的重要組成部分，風險管理決策著重強調的是如何更科學、更有效地將各種方法結合起來，把處置風險從無意識行為上升為有意識的組織行動，從盲目的試探、碰運氣轉化為建立在科學基礎上的合理選擇。

風險所具有的一些特性，如客觀存在性、偶然性和多變性，是風險管理決策區別於其他一般管理決策的特點。為保證風險管理目標的實現，風險管理決策應該堅持以下原則：

（1）全面周到原則。經過調查分析，每一個經濟單位面臨的風險多種多樣，風險管理的目標也可細分為多個目標，如損前目標、損後目標等。對不同風險的處置，要實現不同的目標，往往需要採用多種措施，每一種措施都有各自的適用範圍和局限性。風險管理決策就是要把所有可供選用的對策仔細分析，權衡比較，在全面周到的基礎上尋找對策的最佳組合。

（2）量力而行原則。風險管理提供了一種與損失風險做鬥爭的科學武器，但這個武器的應用是需要付出一定成本的。而同樣的成本對具有不同財務實力的經濟單位的影響是迥然不同的，即使同一單位在其不同發展時期對同樣成本的反應也很可能不一致。

對盈利為重要指標的企業而言，要分析風險管理成本對企業盈利的影響。一般情

況是，風險管理成本從零開始增加時，企業的盈利能力隨之提高，但成本增加到某一點後，情況發生變化，即繼續增加的成本將導致企業的盈利下降。風險管理人員要盡可能找到這個轉折點，在決策時才能正確把握。

（3）成本效益比較原則。隨著風險管理的成本增加，所獲得的安全保障程度一般將提高，但高成本的風險管理決策未必是最好的決策，因為風險管理的總體目標是以最少的經濟投入獲取最大的安全保障。在決策過程中，要以成本與效益相比較這一原則作為權衡決策方案的依據。在實際運作中，比較可行的辦法是在獲取同樣安全保障的前提下選擇成本最小的決策方案。

（4）註重運用商業保險，但不忽視其他方法。為了實現風險管理的損前目標，可供選擇的方法包括預警系統、損失控制設備、人員培訓制度等，這些措施的落實既可以減少災害事故發生的概率，又能夠降低一旦事故發生時的損失程度。由於風險的複雜多變性和人類對客觀世界認識的局限性，人們所採取的風險預防和控制手段無法從根本上消除風險，損失被減少的程度也難到達到令人滿意的程度。

為了實現風險管理的損後目標，保險方法具有舉足輕重的地位和作用，它是一種最重要的工具，尤其是處置那些估測不準、發生概率小但損失程度大的風險，如巨災風險等。對於絕大多數的經濟單位來說，由於擁有的風險單位少、損失預測的準確性較差，購買保險就成為行之有效的選擇方案。

選擇保險並不意味著放棄其他方法。為了減少附加保費的支出，可以考慮適當程度的自留風險或其他措施，與保險綜合運用，以盡可能減少風險管理的成本，如購買第一損失保險或超額損失保險。

在正確地識別和衡量風險後，首先應從保險的角度入手，準備一份能最佳補償全部風險所致損失的保險組合表，要力求全面（為盡可能多的風險提供保障）和充分（每一保險金額足以提供足夠的保障）。在這一過程中也許會遇到不可保的風險或無法足額投保的風險，那麼就必須考慮保險以外的其他對策。這是一種可行的操作方法。

其次是對組合表中的保險保障進行分類，包括必需的保障、需要的保障和可利用的保障。必需的保障包括各種強制保險和為預期損失非常嚴重的風險所提供的保險，如法律強制的汽車責任險、抵押合同要求的財產保險等。需要的保障針對的是那些將嚴重影響企業經營，造成財務困難，但不至於使企業倒閉或破產的損失風險。可利用的保障所處置的是那些不至於給企業帶來嚴重影響，只在一定程度上給生產經營帶來不利的損失風險。

最後是對上述三類保障作具體分析，探討是否能利用其他非保險對策，以較低的成本獲得足夠的保障。也許某些損失風險能以低於保費的成本轉移給非保險人的其他單位，或經採取措施後風險能減小到不太嚴重的程度，或者可以較準確地預測，使得自留風險比保險能節約附加保費。也許對於某些風險來說，部分自留與保險的適當結合既能節約成本又能獲得足夠的保障。對於需要的和可利用的保障而言，非保險對策的應用更為廣泛和普遍。需要解決的問題是，用成本效益比較的原則去選擇眾多方案中的最佳方案。

在多種可供選擇的決策方案中，應該如何權衡比較以尋求最佳決策方案呢？隨著風險管理這門學科的發展，越來越多的數理方法被用於風險管理決策。儘管數理方法在實際應用中存在著局限性，如所採用的數據一般都有誤差或者不完整，以及需要專門知識才可使用數理方法等。但是，在實用方面數理方法依然具有重要的價值，即使數據不全，風險管理人員也可借助這些方法做出一些重要的風險管理決策。這些方法是傳統方法中隱含的假設和決策原則明確化，從而使人們加深對決策方案的理解，也使應用變得更容易些。

7.2 損失期望值分析法

損失期望值法（Loss Expectancy Method），首先要分析和估計項目風險概率和項目風險可能帶來的損失（或收益）大小，然後將二者相乘求出項目風險的損失（或收益）期望值，並使用項目損失期望值（或收益）去度量項目風險。

在使用項目風險損失期望值作為項目風險大小的度量時，需要確定的項目風險概率和項目風險損失大小的具體描述如下：

1. 項目風險概率

項目風險概率和概率分佈是項目風險度量中最基本的內容，項目風險度量的首要工作就是確定項目風險事件的概率分佈。一般說來，項目風險概率及其分佈應該根據歷史信息資料來確定。

當項目管理者沒有足夠歷史信息和資料來確定項目風險概率及其分佈時，也可以利用理論概率分佈確定項目風險概率。由於項目的一次性和獨特性，不同項目的風險彼此相差很遠，所以在許多情況下人們只能根據很少的歷史數據樣本對項目風險概率進行估計，甚至有時完全是主觀判斷。

因此，項目管理者在很多情況下要運用自己的經驗，要主觀判斷項目風險概率及其概率分佈，這樣得到的項目風險概率被稱為主觀判斷概率。雖然主觀判斷概率是憑人們的經驗和主觀判斷估算或預測出來的，但它也不是純粹主觀隨意性的東西，因為項目管理者的主觀判斷是依照過去的經驗做出的，所以它仍然具有一定的客觀性。

2. 項目風險損失

項目風險造成的損失或後果大小需要從三方面來衡量：

（1）項目風險損失的性質。項目風險損失的性質是指項目風險可能造成的損失是經濟性的，還是技術性的，還是其他方面的。

（2）項目風險損失的大小與分佈。項目風險損失的大小和分佈包括是指項目風險可能帶來的損失嚴重程度和這些損失的變化幅度，它們需要分別用損失的數學期望和方差表示。

（3）項目風險損失的時間與影響。項目風險損失的時間分佈是指項目風險是突發的，還是隨時間的推移逐漸致損的，項目風險損失是在項目風險事件發生後馬上就能

感受到，還是需要隨時間的推移而逐漸顯露出來以及這些風險損失可能發生的時間等。項目風險影響是指項目風險會給哪些項目相關利益者造成損失，從而影響它們的利益。

3. 項目風險損失期望值的計算

項目風險損失期望值的計算一般是將上述項目風險概率與項目風險損失估計相乘得到，然後以此作為決策的依據，即選取損失期望值最小的風險管理方案。

【例7.1】表7-1中列出某幢建築物在採用不同風險管理方案後的損失情況。對於每種方案來說，總損失包括損失金額和費用金額。為簡便起見，每種方案只考慮兩種可能後果：不發生損失或全損。

表7-1　　　　　　　　　　不同方案火災損失表　　　　　　　　　　單位：元

方案	可能結果	
	發生火災的損失	不發生火災的費用
（1）自留風險並不採取安全措施	可保損失　　　　　100,000 未投保導致間接損失　+ 5,000 　　　　　　　　　105,000	0
（2）自留風險並採取安全措施	可保損失　　　　　100,000 未投保導致間接損失　5,000 安全措施成本　　　+ 2,000 　　　　　　　　　107,000	安全措施成本 2,000
（3）投保	保費　　　　　　　3,000	保費 3,000

表7-1中「未投保導致間接損失」指如果投保就不會發生的間接損失，如信貸成本的增加。

對這三種方案可作如下分析：

方案一：自留風險並且不採取安全措施時，情況可能不發生損失，也可能發生總額為105,000元的損失。

方案二：自留風險並且採取安全措施時，不發生火災仍需支付2,000元的安全措施成本，同時仍然存在著全損105,000元加安全措施成本2,000元，共計107,000元的可能。

方案三：不論是否發生火災，本方案的成本都是所付出的保險費3,000元。

1. 在損失概率無法確定時的決策方法

表7-1中列出了每種方案所面臨的不同損失後果，但是發生不同程度損失的可能性一般是不同的。在損失概率無從得到時，可以採取兩種不同的原則確定決策方案。

（1）最大損失最小化原則。即比較各種方案下最壞情況發生時的最大損失額，選擇最小的並以此確定風險管理方案。在【例7.1】中，三種方案的最大可能損失分別為105,000元、107,000元和3,000元。按此原則，投保為最佳方案。

（2）最小損失最小化原則。即比較各種方案下火災事故不發生條件下的最小損失

額（包括管理方案的費用，如技術措施的成本、保費等），選擇最小的一個作為決策方案。在【例7.1】中，三種方案的最小可能損失分別為0元、2,000元、3000元。按此原則，自留風險且不安裝安全設施為最佳方案。

顯而易見，這兩種決策原則都存在著致命的缺陷，即它們只考慮了兩種極端的情形：一是發生導致最大程度損失的風險事件；二是風險事件不發生，損失最小。但在現實生活中，更多的情況是損失後果介於最好與最壞之間，這就在極大程度上限制了這兩種決策原則在實際決策過程中的運用。

2. 在損失概率可以得到時的決策方法

如果根據以往的統計資料或有關方面提供的信息可以確定每種方案下不同損失發生的概率，人們就可以綜合損失程度和損失概率這方面的信息，選擇適當的決策原則，並確定最佳的風險管理方案。

最常採用的決策原則是損失期望值的最小化，即計算並比較各種可供選擇方案下的損失期望值，選擇最小的作為最佳方案。

仍以【例7.1】說明。根據所提供的信息，估計不採取安全措施時發生全損的可能是2.5%，採取安全措施後發生全損的可能減少為1%。那麼這三種方案的期望損失分別為：

方案一：
$105,000 \times 2.5\% + 0 \times 97.5\% = 2,625$（元）

方案二：
$107,000 \times 1\% + 2,000 \times 99\% = 3,050$（元）

方案三：
$3,000 \times 2.5\% + 3,000 \times 97.5\% = 3,000$（元）

從計算結果可以看出，方案一的損失期望值最小，按照「損失期望值最小化」的原則應選擇方案一作為風險管理決策方案。

但是在實際操作中，即使如上例中自留風險方案的損失期望值小於投保方案，很多人仍寧願選擇購買保險作為風險管理決策方案。對這種行為的一種解釋就是由於不確定性存在的隱性成本——憂慮因素的影響。

不論選擇哪一個風險管理方案，風險的不確定性都是客觀存在的。即風險事件可能發生，也可能不發生；損失程度可能很大，也可能很小。風險管理人員對於可能出現的最壞後果心存憂慮，這種憂慮無論未來風險事件是否發生都將存在。在運用數量方法選擇風險管理決策的過程中，需要把憂慮因素的影響代之以某個貨幣價值，從而產生了風險管理方案的憂慮成本。

憂慮成本的確定是非常困難的，因為憂慮成本是一個極為主觀的因素，然而仍然可以從分析影響憂慮成本的因素入手尋求估計憂慮成本的可行途徑。

首先，損失的概率分佈，尤其是程度嚴重的損失和發生概率高的損失對風險管理人員的心理反應有直接的影響。其次，風險管理人員對未來損失的不確定性的把握程度也對憂慮心理的產生有直接影響。

由於憂慮成本的加入，各種風險管理方案的損失期望值增加。對於投保方案而言，付出較淨損失期望值更多的保險費後，將損失的不確定性化為確定性支出，能夠大大減少管理者的憂慮心理，一般此時的憂慮成本為零。如果企業決定部分或全部自留風險，即使採取必要的安全措施，也只能減輕而無法消除憂慮成本。憂慮成本的確定可以用調查問卷的辦法，詢問風險管理人員願意付出多大的經濟代價來消除由於損失的不確定性而造成的憂慮心理。

7.3　效用期望值分析法

以損失期望值為標準選擇風險管理的方案得到廣泛的應用，但仍然存在著一些局限。比如這種方法沒有考慮到同一損失對不同主體的影響可能是不同的，如 10 萬元的損失也許能導致一家小企業破產，但對大公司而言可能是微不足道的。因此不同的風險主體對同一損失風險將採取的態度可能截然不同，而這種主觀反應的差異是難以用損失期望值分析法衡量的。

潛在損失的嚴重性可以用效用期望值這種方法來衡量。

1. 效用及效用理論

效用（Utility），是經濟學中最常用的概念之一。一般而言，效用是指對於消費者通過消費或者享受閒暇等使自己的需求、慾望等得到的滿足的一個度量，可以解釋為人們由於擁有或使用某物而產生的心理上的滿意或滿足程度。例如，在現實生活中，一本中學課本對中學生的效用是很大的，而對文盲和大學生的效用卻很小。在經濟社會中，同樣數量的損失將會給窮人帶來的艱難和困窘遠大於對富人的影響。從而，在不確定條件下的決策必然與決策人的經濟實力、風險反應產生不可割裂的關係。效用理論為不確定條件下的決策提供了一種定量分析的工具。

效用理論認為人們的經濟行為的目的是為了從增加貨幣量中取得最大的滿足程度，而不僅僅是為了得到最大的貨幣數量。一般的做法是，通過特別的方法，主要是詢問調查法，瞭解決策者對不同金額貨幣所具有的滿足度（量化指標為效用度，為 0～100），然後計算不同方案的效用期望值，以決定方案的取捨。

2. 效用函數與效用曲線

效用函數原本是表示消費者在消費中所獲得的效用與所消費的商品組合之間數量關係的函數。它被用以衡量消費者從消費既定的商品組合中所獲得滿足的程度。運用無差異曲線只能分析兩種商品的組合，而運用效用函數則能分析更多種商品的組合。其表達式是：$U=U(x, y, z, \cdots)$。式中 x、y、z 分別代表消費者所擁有或消費的各種商品的數量。

在運用效用函數進行風險決策的首要工作是確定決策主體對收益或損失的量化反應，反應效用度與金額之間對應關係的函數為效用函數，如用圖像表示則為效用曲線（如圖 7-1 所示）。

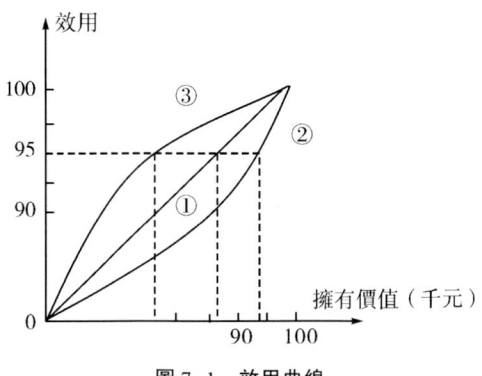

圖 7-1 效用曲線

　　從人們對損失的態度來看，理論上可以分成三種類型：漠視風險型、趨險型、避險型。漠視風險者對損失風險沒有特別的反應，他的決策完全根據損失期望值的大小而確定。從圖 7-1 可以看出，若要達到相同的效用度，不同類型的投資者所要求的擁有的價值是不同的。漠視風險者的效用曲線是通過 (0, 0) 的一條直線。為了轉移風險，漠視風險者不會付出比期望損失更大的轉移費用，顯然他很難成為商業保險的投保人。

　　避險型即風險厭惡，表明經濟代理人對於風險的個人偏好狀態，其效用隨貨幣收益的增加而增加，但增加率遞減。具體分析，無論人們對風險承擔者的概念做何種理解，我們都可以肯定地認為，獲取隨機收益 W 比獲取確定收益 $W=E[W]$ 所承擔的風險要大得多。如果某個市場參加者總是寧願獲取 $W=E[W]$ 的收益，相應獲得 $U(E[W])$ 的效用，然而，他不願意承擔風險獲取風險收益 W，相應獲得的預期效用為 $E(U[W])$，那麼，我們就稱這個市場參加者為風險厭惡者。也就是說，當面臨多種同樣貨幣預期值的投機方式時，風險厭惡者將選擇具有較大確定性而不是較小確定結果的投機方式。在信息經濟學中，風險厭惡者的效用函數一般被假設為凹性。效用隨貨幣收益的增加，但增加率遞減。效用函數的二階導數小於零。

　　趨險型的效用隨貨幣收益的增加而增加，但增加率遞增。效用函數的二階導數大於零。當面臨多種同樣貨幣預期收益值的方式時，風險愛好者將選擇具有較小確定性而不是較大確定結果的投機方式。

　　漠視風險型的效用隨貨幣收益的增加，但增加率不變。效用函數的二階導數等於零。$U=a+bM$，其中 U 為效用，M 為貨幣收益，a 和 b 是常數（$b>0$）。

　　在面臨不確定性時，行為人的選擇就是追求財富的期望效用最大化過程。不確定性又有兩種情況：一種是雖然結果是不確定的，但每種結果本身和出現的客觀概率（或密度函數）是已知的，此時行為人對結果出現的主觀概率預期當然和客觀情況一致，期望效用最大化就是在客觀概率下的效用最大化；另一種情況則是不但結果是不確定的，而且每種結果出現的客觀概率（或密度函數）也是未知的，但此時行為人對每種結果出現的概率會有一個主觀預期，此時期望效用最大化就是主觀期望效用（Subjective Expected Utility，簡稱 SEU）最大化。

7.4 決策樹分析法

在風險管理措施多階段決策問題中，前一個階段的決策會產生一些附帶結果，這些結果對下一個階段的風險管理決策會產生影響。此時需要利用這些新的信息再次進行決策，這樣又會產生一些新的情況，又需要決策。這樣，決策、新情況、決策、新情況……構成一個按時間先後順序相互依賴的風險管理多階段序列決策。描述以及用於這種序列的有效工具就是決策樹分析。它是利用決策樹描述風險管理多階段序列決策問題，並直接利用決策樹進行計算與決策的一種方法。

具體而言，決策樹分析法是指分析每個決策或事件（即自然狀態）時，都引出兩個或多個事件和不同的結果，並把這種決策或事件的分支畫成圖形，這種圖形很像一棵樹的枝干，故稱決策樹分析法。一般都是自上而下生成的。每個決策或事件（即自然狀態）都可能引出兩個或多個事件，導致不同的結果，把這種決策分支畫成圖形很像一棵樹的枝干，故稱決策樹。

決策樹分析法通常有五個步驟。

第一步，明確決策問題，確定備選方案。對要解決的問題應該有清楚的界定，應該列出在不同決策時點的所有可能的備選方案。

第二步，繪出決策樹圖形。決策樹用三種不同的符號分別表示決策點、狀態點、結果點。決策點用方框表示，放在決策樹的左端，每種備選方案即狀態用從該結引出的樹枝（線條）表示；實施每一個備選方案時都可能發生一系列風險事件，用圖形符號圓圈表示，稱為機會點，每一個機會點可能會有多個直接結果，例如，某種治療方案有三個結果狀態（治愈、改善、藥物毒性致死），則狀態點有三個枝。中間結果與最終結果都用有圓心的圓形節點表示，稱為結果點，總是放在決策樹每一枝的最右端。初始狀態點在整個決策樹的最左端，最終結果點放在整個決策樹的最右端，從左至右狀態點的順序應該依照事件發生的時間先後關係而定。但不管狀態點有多少個結果，從每個狀態點引出的結果必須是互相排斥的狀態，不能互相包容和交叉。

第三步，確定並註明各種結果可能出現的概率及損益值。所有這些概率都要在決策樹上標示出來。在為每一個狀態點引出的結局枝標記發生概率時，必須注意各概率相加之和必須為 1.0。運用期望效用準則還要對中間結果及最終結局標註適宜的效用值賦值。

第四步，計算每一種備選方案的決策變量值。計算期望值的方法是從「樹枝末端」開始向「樹根」的方向進行計算，將每一個狀態點上所有風險狀態的損益值或效用值與其發生概率分別相乘，其總和為該狀態點的期望值或期望效用值。在每一個決策點中，將各狀態點的期望值或期望效用值分別與其發生概率相乘，其總和為該決策方案

的期望效用值，選擇期望值或期望效用值最高的備選方案為最優方案。如果多階段的時間跨度大，就還要考慮時間價值。

　　第五步，應用敏感性試驗對決策分析的結論進行測試。敏感分析的目的是測試決策分析結論的真實性。敏感分析要回答的問題是當概率及結果效用值等在一個合理的範圍內變動時，決策分析的結論會不會改變。

8 現金流量分析

本章重點

1. 掌握現金流量分析的兩種方法：淨現值法和內部收益率法。
2. 運用現金流量分析進行風險管理決策。

8.1 現金流量分析

選擇風險管理方法或方法組合的標準是風險管理決策的重要內容。這套標準將企業擁有的風險管理資源配置到最符合成本和效益原則的地方，使該企業面臨的潛在和實際的損失最小化。它要求該企業的長期稅後淨現金流量最大化，大多數企業就是根據這一相同的標準來做出合理決策的。

現金流量表中的「現金」，是指企業的庫存現金以及可以隨時用於支付的存款，包括現金、可以隨時用於支付的銀行存款和其他貨幣資金。一項投資被確認為現金等價物必須同時具備四個條件：期限短、流動性強、易於轉換為已知金額現金、價值變動風險小。在現金流量表中，將現金流量分為三大類：經營活動現金流量、投資活動現金流量和籌資活動現金流量。

(1) 經營活動，是指直接進行產品生產、商品銷售或勞務提供的活動，它們是企業取得淨收益的主要交易和事項。

(2) 投資活動，是指長期資產的購建和不包括現金等價物範圍內的投資及其處置活動。

(3) 籌資活動，是指導致企業資本及債務規模和構成發生變化的活動。

現金流量表按照經營活動、投資活動和籌資活動進行分類報告，目的是便於報表使用人瞭解各類活動對企業財務狀況的影響，以及估量未來的現金流量。

具體來說，風險管理人員在應用現金流量分析時需按以下步驟進行工作：

(1) 分析每一方案，包括提出的每一項風險管理方法是怎樣影響企業現金的流入和流出的。

(2) 計算方案的淨現金流量的現值，即淨現值。

(3) 根據各自的淨現值和收益率評價方案的優劣。

現金流量分析（Cash Flow Analysis），現金淨流量是指現金流入和與現金流出的差

額。現金淨流量可能是正數，也可能是負數。如果是正數，則為淨流入；如果是負數，則為淨流出。現金淨流量反應了企業各類活動形成的現金流量的最終結果，即：企業在一定時期內，現金流入大於現金流出，還是現金流出大於現金流入。現金淨流量是現金流量表要反應的一個重要指標。

貨幣的時間價值使得現金尤為重要。貨幣的時間價值的存在是因為投資的貨幣經過若干時期後能產生更多的貨幣。這種額外的貨幣被稱為貨幣的時間價值。一筆將來貨幣的現值的計算需要結合貨幣的時間價值。一筆給定金額的貨幣的現值是由兩個因素決定的，即利息率和時間長度。利息率是貨幣的使用成本，通常是有每年的百分比來表示的。貨幣的時間價值是一種隱含成本或機會成本。為一筆貨幣指定某種用途通常意味著喪失了投資另外項目的機會。基於機會成本的考慮，企業的財務人員通常需確定一個最小收益率，它必須是所有可接受的方案都能滿足或達到的。時間長度是貨幣時間價值的第二個決定因素，它是由貨幣投資的年數或其他時間單位來表示的。

現值的計算涉及現時支付和未來支付。現時支付的現值就是應支付額。它不需要對支付額進行任何形式的貼現。實際上，這種情況的時間長度為零。未來支付則分為單一的將來支付、等額年金和不等額年金三種。單一的將來支付和等額年金分別可利用複利現值表、年金現值表、查詢計算。而不等額的年金的現值必須根據每年的現金流入或流出分別計算其現值，然後加總得出。

而現金流量的重要性在於以下兩點：

（1）對資源的要求權。現金，更確切地說是購買力，它也包括信用，通常是實現其他目的的手段之一。一家企業的淨現金流量越多，意味著實現目標的能力越強；反之，則越弱。這樣，淨現金流量的大小成為衡量一個企業能力強弱的「晴雨表」。

用淨現金流量來衡量一個企業的能力比用會計利潤來計量更好。利潤通常會受會計的應收、應付款項或其他帳戶（如折舊）的影響，而淨現金流量衡量企業購買或得到所需資源的能力。

（2）在資本投資評價中的應用。在選擇方案時經驗豐富的專家會優先考慮能使企業得到最大的淨現值的方案。這種簡化了的決策規則通常在某些情況下會複雜化，即該方案需要即時的現金支出，而現金的流入則預計在將來的某一時期，即方案的現金支出或收入需跨越若干個會計週期。在這樣的情況下，最好通過資本預算來處理。資本預算是通過進行長期資本投資來達到企業目標的計劃，而資本預算的決策是在涉及不同的資本投資方案時根據其現金流出和流入而進行的決策過程。

8.2 現金流量的評價方法

資本預算決策通過下列兩種方法進行現金流量分析：淨現值法和內部收益法。在介紹這兩種方法後，還可以得出盈利能力指數對淨現值為正的方案進行排序。

成功運用這些評價有兩個條件是必不可少的。首先，與特定的投資項目相聯繫的

收益和成本必須是能用貨幣計量的，不能用貨幣計量的項目不能用這些方法來評價。其次，與不可預計性相關的不確定性，長期投資項目有很高的風險。通常，一個投資項目的預計使用壽命越長，其投資收益率的預計將越困難，項目的風險將越高。

在評價投資方案，以前必須對下列各項進行預測：初始投資量；能夠接受的最低投資量，用初始投資的百分比表示；估計項目的使用年限，即能產生現金流量的年數；與項目有關的每年稅後淨現金流量。

1. 淨現值法

淨現值（Net Present Value，以下簡稱 NPV）是一項投資所產生的未來現金流的折現值與項目投資成本之間的差值。淨現值法是評價投資方案的一種方法。該方法利用淨現金效益量的總現值與淨現金投資量算出淨現值，然後根據淨現值的大小來評價投資方案。

淨現值的計算公式如下：

$$NPV = \sum_{t=1}^{n} \frac{C_t}{(1+r)^t} - C_0$$

其中：NPV——淨現值

　　　C_0——初始投資額

　　　C_t——t 年現金流量

　　　r——貼現率

　　　n——投資項目的壽命週期

淨現值指標的決策標準是：如果投資項目的淨現值大於零，接受該項目；如果投資項目的淨現值小於零，放棄該項目；如果有多個互斥的投資項目相互競爭，選取淨現值最大的投資項目。

項目 A、B 的淨現值均大於零，且 A 大於 B，表明這兩個項目均可取。如果二者只能取一個，則應選取項目 A。如果投資項目除初始投資額外各期現金流量均相等，則可利用年金現值系數表計算，使計算過程簡化。

但是，值得注意的是，淨現值為正值，投資方案是可以接受的；淨現值是負值，從理論上來講，投資方案是不可接受的，但是從實際操縱層面來說這也許會跟公司的戰略性的決策有關，比如說是為了支持其他的項目，開發新的市場和產品，尋找更多的機會獲得更大的利潤。此外，迴避稅收也有可能是另外一個原因。當然淨現值越大，投資方案越好。淨現值指標考慮了投資項目資金流量的時間價值，較合理地反應了投資項目的真正的經濟價值，是一個比較科學也比較簡便的投資決策指標。

淨現值法的優點主要有：

（1）使用現金流量。公司可以直接使用項目所獲得的現金流量，相比之下，利潤包含了許多人為的因素。在資本預算中利潤不等於現金。

（2）淨現值包括了項目的全部現金流量，其他資本預算方法往往會忽略某特定時期之後的現金流量。如回收期法。

（3）淨現值對現金流量進行了合理折現，有些方法在處理現金流量時往往忽略貨幣的時間價值。如回收期法、會計收益率法。

淨現值法的缺點則主要體現在以下兩點：

（1）資金成本率的確定較為困難，特別是在經濟不穩定情況下，資本市場的利率經常變化更加重了確定的難度。

（2）淨現值法說明投資項目的盈虧總額，但沒能說明單位投資的效益情況，即投資項目本身的實際投資報酬率。這樣會造成在投資規劃中著重選擇投資大和收益大的項目而忽視投資小、收益小，而投資報酬率高的更佳投資方案。

在淨現值法的基礎上考慮風險，得到兩種不確定性決策方法，即肯定當量法和風險調整貼現率法。但肯定當量法的缺陷是肯定當量係數很難確定，可操作性比較差。而風險調整貼現率法則把時間價值和風險價值混在一起，並據此對現金流量進行貼現，不盡合理。

另外，運用由CAPM模型確定的單一風險調整貼現率也是不合乎實際情況的，如果存在管理決策的靈活性措施，用固定的貼現率計算淨現值就更不準確了。

2. 內部收益率法

內部收益率法（Internal Rate of Return，以下簡稱IRR）是用內部收益率來評價項目投資財務效益的方法。所謂內部收益率，就是使得項目流入資金的現值總額與流出資金的現值總額相等的利率。換言之，就是使得淨現值等於零時的折現率。如果不使用電子計算機，內部收益率要用若干個折現率進行試算，直至找到淨現值等於零或接近於零的那個折現率。

簡單來說，內部收益率就是使企業投資淨現值為零的那個貼現率。它的基本原理是試圖找出一個數值概括出企業投資的特性。內部收益率本身不受資本市場利息率的影響，完全取決於企業的現金流量，反應了企業內部所固有的特性。

值得注意的是，內部收益率法只能告訴投資者被評估企業值不值得投資，卻並不知道值得多少錢投資。而且內部收益率法在面對投資型企業和融資型企業時其判定法則正好相反：對於投資型企業，當內部收益率大於貼現率時，企業適合投資；當內部收益率小於貼現率時，企業不值得投資；融資型企業則不然。

一般而言，對於企業的投資或者併購，投資方不僅想知道目標企業值不值得投資，更希望瞭解目標企業的整體價值。而內部收益率法對於後者卻無法滿足，因此，該方法更多的應用於單個項目投資。

內部收益率法的計算步驟如下：

（1）在計算淨現值的基礎上，如果淨現值是正值，就要採用這個淨現值計算中更高的折現率來測算，直到測算的淨現值正值近於零。

（2）再繼續提高折現率，直到測算出一個淨現值為負值。如果負值過大，就降低折現率後再測算到接近於零的負值。

（3）根據接近於零的相鄰正負兩個淨現值的折現率，用線性插值法求得內部收益率。

內部收益率是一項投資可望達到的報酬率，是能使投資項目淨現值等於零時的折

現率。是在考慮了時間價值的情況下，使一項投資在未來產生的現金流量現值，剛好等於投資成本時的收益率。

內部收益率法的優點是能夠把項目壽命期內的收益與其投資總額聯繫起來，指出這個項目的收益率，便於將它同行業基準投資收益率對比，確定這個項目是否值得建設。使用借款進行建設，在借款條件（主要是利率）還不很明確時，內部收益率法可以避開借款條件，先求得內部收益率，作為可以接受借款利率的高限。但內部收益率表現的是比率，不是絕對值，一個內部收益率較低的方案，可能由於其規模較大而有較大的淨現值，因而更值得考慮。所以在各個方案選比時，必須將內部收益率與淨現值結合起來考慮。

3. 淨現值法和內部報酬率法的比較

淨現值法和內部報酬率法都是對投資方案未來現金流量計算現值的方法。

運用淨現值法進行投資決策時，其決策準則是：NPV 為正數（投資的實際報酬率高於資本成本或最低的投資報酬率），方案可行；NPV 為負數（投資的實際報酬率低於資本成本或最低的投資報酬率），方案不可行；如果是相同投資的多方案比較，則 NPV 越大，投資效益越好。淨現值法的優點是考慮了投資方案的最低報酬水準和資金時間價值的分析；缺點是 NPV 為絕對數，不能考慮投資獲利的能力。所以，淨現值法不能用於投資總額不同的方案的比較。

運用內部報酬率法進行投資決策時，其決策準則是：IRR 大於公司所要求的最低投資報酬率或資本成本，方案可行；IRR 小於公司所要求的最低投資報酬率，方案不可行；如果是多個互斥方案的比較選擇，內部報酬率越高，投資效益越好。內部報酬率法的優點是考慮了投資方案的真實報酬率水準和資金時間價值；缺點是計算過程比較複雜、繁瑣。

在一般情況下，對同一個投資方案或彼此獨立的投資方案而言，使用兩種方法得出的結論是相同的。但在不同而且互斥的投資方案時，使用這兩種方法可能會得出相互矛盾的結論。造成不一致的最基本的原因是對投資方案每年的現金流入量再投資的報酬率的假設不同。淨現值法是假設每年的現金流入以資本成本為標準再投資；內部報酬率法是假設現金流入以其計算所得的內部報酬率為標準再投資。

資本成本是更現實的再投資率，因此，在無資本限量的情況下，淨現值法優於內部報酬率法。

8.3　通過現金流量分析進行風險管理決策

本節借助於傳統的現金流量決策框架來考慮風險管理方法，以及各種不同的方法可能對企業現金流量和投資收益率的影響，並據此選出最好的風險管理方法。

傳統的現金流量分析不考慮風險管理方面的影響，項目預計產生的每年稅後淨現金流量被假定為可以預計到的。除非在很危險的情況下，很少考慮這樣的可能性：一

個項目預計有 10 年的使用壽命，但它在使用 3 年後毀於一場大火。

同樣，大多數現金流量分析並沒有明確認識到，實施某種風險管理方法的一次性成本應該加到該項目的初始投資中，而其他持續的風險管理費用應從預計的淨現金流量中扣除。大多數更為複雜的現金流量分析承認淨現金流量的預計只是一種概率分佈，而不是固定的流量。但就是這樣的分析，也假定每年淨現金流量的差異來自於系統風險（市場條件的變化），而不是意外損失的風險。

【例 8.1】某幢建築物建於 4 年前，為研究所的人員使用，他們與廠方簽訂了為期 10 年的合同，研究人員同意在廠方的資助下開展研究工作，但收入歸廠方。廠方預計每年的收入為 6 萬元，作為交換條件，廠方提供 20 萬元資助建立研究所，獲得必需的設備。在過去的 4 年裡，由於火災花在該建築維修方面的費用每年平均為 1.6 萬元，廠方不負責建築物內部設施的火災損失。

由於該研究所導致建築物火災損失的風險很大，廠方的風險管理人員一直在研究各種不同的風險管理方法來處理火災損失風險。

（1）不考慮風險管理的現金流量。如表 8-1 所示，該企業必須繳納所得稅。在不考慮由於偶發事件給該幢建築物造成損失的情況下，該項目的淨現值為 48,600 元，內部收益率為 17.7%，對於廠方該項目似乎是有利可圖的。

表 8-1　　　　　　　　不考慮風險管理的稅後現金流量分析　　　　　　單位：元

淨現金流量（NCF）的計算	
每年的現金收入	60,000
減：每年的現金支出（除稅後所得）	0
稅前淨現金流量	60,000
減：每年所得稅	
每年稅前 NCF　　　　　　　　　　60,000	
減：每年的折舊費(200,000/10)　　20,000	
應稅收入　　　　　　　　　　　40,000	
所得稅 40%	16,000
稅後 NCF	44,000
淨現金流量的評價	
要素：	
初始投資	200,000
項目使用年限	10 年
每年稅後 NCF	44,000
最小投資收益率	12%
（1）用淨現值法評價	
NCF 的現值（44,000×5.650）	248,600
減：初始投資的現值	200,000
淨現值（NPV）	48,600

表8-1(續)

（2）用內部收益率法評價		
初始投資/每年NCF（稅後）＝200,000/44,000＝4.545＝年金現值系數		
用內插法求內部收益率（r）		
投資收益率	年金現值系數	年金現值系數
16%	4.833	4.833
r		4.545
18%	4.494	
差額：2%	0.399	0.288
r＝16%＋2%×0.288/0.399＝16%＋1.70%＝17.7%		

（2）確認預期損失。正確的現金流量分析應考慮偶發事件的損失和相關的風險管理費用對現金支出的影響。通過選擇風險管理的方法，影響淨現金流量能改變項目的收益率，並最終影響資產和行為的選擇。

為了說明這一問題，風險管理人員根據過去4年的情況描述該幢建築物火災損失的概率分佈如表8-2所示。

表8-2　　　　　　　　建築物四年火災損失概率分佈　　　　　　　　單位：元

概率	每年火災損失	期望值
0.8	0	0
0.1	30,000	3,000
0.07	100,000	7,000
0.03	200,000	6,000
1		16,000

每年的火災損失期望值是1.6萬元，如把該損失考慮進去的話，與表8-1相比較，預計火災損失為1.6萬元，而不是0，這樣稅後淨現金流量為3.44萬元，淨現值為－5,640元，內部收益率為11.34%。

對於企業來說，風險控制的方法數種，包括降低損失發生的概率、減少損失發生程度、通過合同把風險轉移給第三者等。現金流量分析中的淨現值和內部收益率可以用做選擇風險管理方法的決策標準。基於這一目的，淨現值法可以重新表述如下：一家企業應優先考慮有望帶來最高淨現值的風險管理方法。同樣，內部收益率法也可以表述如下：一家企業應選擇有望獲得最高內部收益率的風險管理方法。然而，這些也有其局限性。

1. 現金流量分析應用於風險管理決策中的優缺點

應用現金流量分析來選擇風險管理方法的主要好處在於，其決策過程把風險管理決策放在與其他利潤最大化決策相同的立足點。從理論上來說，淨現值法和內部收益率法對追求利潤最大化的企業是適合的，對努力提高營運效率的非營利組織來說也是

最好的選擇。

現金流量分析的不足之處在於其假設上的缺陷。首先，從上述例子來看，每一種風險管理方法都單獨使用，忽視了所有可能的組合方法。實際上，至少一種風險控制和一種風險籌資方法應同時應用於每一種重大的損失風險的處理。風險控制方法對不能完全排除的風險需要得到風險籌資的支持，缺少有效的風險控制方法的支持，使用風險籌資方法會變得較昂貴。

第二個假設是對應用的每一種特定方法沒有程度上的差別。該假設會導致過分簡單化的是與非的決策，而不是更詳盡的分析。

第三個假設認為火災造成的損失是唯一涉及的損失，而實際上還可能由於其他事故造成財產、淨收入和人員的損失。

第四個假設是把預期損失作為實際發生的損失的一種計量，而不管將來的不可預計性。

最後，現金流量分析假定：企業的唯一目的是利潤最大化，對社會效益未加以考慮。

2. 對不確定性加以調整的現金流量分析

上面討論的決策程序都不切實際地假定：每年發生的損失等於其預期值。某種程度的不確定性對每一種風險管理方法是不可避免的。這些不確定性的成本在評價風險管理方法選擇時需合理加以考慮。

憂慮因素把「價碼標籤」即隱含的稅後成本賦值給每類不確定性。一旦確定，該成本就視同其他成本作為現金流出。憂慮因素法的第一步是把憂慮成本賦值給每一種可供選擇的風險管理方法，該成本反應與該風險管理方法相聯繫的不確定性給高層管理人員帶來的不安程度。隨著潛在損失的增加，焦慮因素會增加。因此，足額保險通常有很小的憂慮系數。該方法的第二步是把憂慮成本從每年稅後淨現金流入量中扣除。憂慮成本在稅後扣除是因為它只是隱含的費用。

憂慮因素法為運用現金流量分析法提供了一種相當簡便、易懂的方法。該方法使不確定性的成本清晰化，並且隨高層管理人員的態度而變化，儘管該方法具有隨意性，但還是因其直截了當的特性而受到了管理人員的重視。

9 巨災風險

本章重點

1. 瞭解巨災風險的分類和特點。
2. 掌握巨災風險的損失管理方法。
3. 瞭解中國的巨災保險制度的發展。

9.1 巨災和巨災風險

1. 巨災

巨災是指對人民生命財產造成特別巨大的破壞損失，對區域或國家經濟社會產生嚴重影響的自然災害事件。

國際組織和保險機構分別給出了不同的量化定義：

（1）聯合國國際減災十年委員會於1994年發表的災情報告中將巨災定義為：財產損失超過所在國家國民收入1%；受災人口超過全國人口1%；死亡人口超過100人。

（2）美國保險事務所財產理賠部將巨災定義為：導致財產直接保險損失超過2,500萬美元（1998年價格水準）的事件。

（3）瑞士再保險集團將巨災定義為：自然災害或人為災難的損失總額達8,550萬美元以上，或保險財產索賠額船運1,720萬美元，航空3,440萬美元以上，其他4,270萬美元以上，或死亡或失蹤人數20人以上，受傷人數50人以上，無家可歸人數2,000人以上。

中國是世界上自然災害最為嚴重的國家之一。伴隨著全球氣候變化以及中國經濟快速發展和城市化進程不斷加快，中國的資源、環境和生態壓力加劇，自然災害防範應對形勢更加嚴峻複雜。中國沒有對巨災進行專門的量化定義，但有過類似的規定，如《國家特別重大、重大突發公共事件分級標準（試行）》。其中，自然災害包括干旱、氣象、地震、地質、海洋、生物等災害和森林草原火災。對自然災害做了「重大」和「特別重大」的分類和定義。例如，對「特別重大」的地震災害定義為：①造成300人以上死亡，直接經濟損失占該省（區、市）上年國內生產總值1%以上的地震；②發生在人口較密集地區7.0級以上的地震。

2. 巨災風險

按照風險的定義，我們可把巨災風險定義為：因自然災害和人為災難造成巨大財產損失和嚴重人身傷亡的可能性或不確定性。

按照巨災發生的原因可把巨災風險分為兩大類：

（1）自然災害風險。自然災害是指由自然力造成的事件，如地震、洪水、臺風、泥石流、冰雹等。

（2）人為災害風險。人為災害是指與人類活動有關的重大事件，如重大火災、爆炸、空難、建築物倒塌、恐怖活動等。

巨災風險與一般風險不同，其特殊性表現為：

①不確定性大。巨災的發生具有突發性和偶然性，難以預測，不確定性大，因而風險大。

②發生的頻率低，一次巨災造成的損失巨大。普通災害發生頻率高，但每一次事故造成的損失小。巨災發生次數少，破壞性地震、火山爆發、大洪水、風暴潮等巨災很少發生，幾年、幾十年甚至更長時間才發生一次。但一旦發生損失則巨大，或造成萬級、百萬級美元損失，如一次大地震、大洪水可造成數億、數百億甚至上千億美元損失。而且巨災的影響是長期的。一次巨災給國家、人民帶來的創傷可能需要數十年來修復。

③不完全滿足可保風險的條件。可保風險的條件之一是：保險標的大多數不能同時在遭受損失，否則保險分攤損失的職能就會喪失。而像地震、洪水、颶風這樣的自然災害經常會造成大面積損失。但保險公司可採用兩種方法來對付巨災風險：一是再保險，二是把業務分散在廣大地域，從而避免風險集中。

3. 巨災損失

全球巨災損失呈現不斷上升趨勢，嚴重威脅著社會經濟發展和人民生活。2005 年「卡特里娜」颶風是美國歷史上破壞性最嚴重的一場風災，同時也是全球保險史上賠款最多的一次巨災，約占當年美國巨災保險損失（661 億美元）的 66%。美國政府花費了超過 1,090 億美元賑災。2012 年颶風「桑迪」又重創美國東部地區，造成經濟損失 500 億美元左右。2013 年 5 月至 6 月，連續性的暴雨襲擊了中歐地區，引發了 1950 年以來多瑙河、易北河流域的最大洪澇災害，造成 165 億歐元的經濟損失。再從死亡人數來看，1970 年 11 月，孟加拉國颶風導致 30 萬人死亡；2004 年 12 月，印度洋海嘯共導致 29 萬人死亡；2005 年 10 月，巴基斯坦北部的 7.6 級地震導致 7.8 萬人死亡。根據慕尼黑再保險公司統計數據，由於數起具有毀滅性的地震和強烈的風暴，全球 2016 年損失共計 1,750 億美元，比 2015 年高出 2/3，非常接近 2012 年的 1,800 億美元。

中國的巨災風險總體狀況也不容樂觀。中國是世界上遭受自然災害種類最多、發生頻率最高、巨災損失最嚴重的少數國家之一。根據慕尼黑再保險公司的統計，自 1900 年以來全球十大傷亡人數的地震災害中，有四起發生在中國。1976 年的唐山大地震造成直接經濟損失 200 億元，死亡人數 24.2 萬人。2008 年四川汶川大地震造成直接經濟損失 8,451 億元，死亡人數 8.4 萬人。1998 年長江、松花江流域特大洪災造成直

接經濟損失近 2,000 億元,死亡人數 4,150 人。2013 年 10 月「菲特」臺風重創了福建、浙江、江蘇和上海,造成直接經濟損失 623 億元。2013 年 4 月 20 日,四川雅安地震造成直接經濟損失 423 億元,死亡人數 196 人。從 1914 年到 2014 年,7 級以上(含)地震,中國一共發生 126 起。中國位於兩大地震帶之間,一是東面環太平洋地震帶對歐亞板塊向下俯衝,二是歐亞地震帶經過雲南、貴州、四川、青海、西藏。中華人民共和國成立以來,各種災害事故每年平均造成的經濟損失達數千億元。2008 年,全國各類自然災害造成直接經濟損失達 11,752 億元,2012 年、2013 年、2014 年分別為 4,186 億元、5,808 億元、3,374 億元。

4. 巨災風險的發展趨勢

無論從全球還是中國的情況來看,巨災風險發展呈現越來越嚴峻的態勢,究其原因如下:

(1) 氣候變暖加劇了巨災產生的風險。研究表明,在過去的 30 年裡,每十年都比前十年明顯變暖,每十年就會有一個全球最新高溫紀錄產生。中國氣候變暖趨勢與全球的總趨勢基本一致。由於氣候變暖,強臺風、大暴雨、大旱等巨災風險因子增多。

(2) 人類長期盲目開發自然資源,加重了生態環境惡化,直接或間接引起巨災發生。由於人類長期盲目開發自然資源,如濫伐森林、圍湖造田、大量排放溫室氣體等,加重了生態環境惡化。在中國,工業化進程加快,城市化高速發展,使資源消耗和環境破壞比較嚴重,直接或間接引起了巨災的發生。

(3) 人口和財產集中化趨勢加大了巨災損失。人口和財產集中化是人類文明發展的必然趨勢。以中國長三角經濟區為例,占國土面積僅 2.1%,卻集中了全國 11% 的人口,創造了全國 21.7% 的國內生產總值,接近全國一半的進出口總額。一旦發生巨災,就可能導致重大的財產損失和嚴重的人員傷亡。相反,如果巨災發生在人口密度低、經濟較為落後的邊遠地區,巨災帶來的損失就會比較小。

9.2 巨災風險的損失管理

對付風險的方法都適用於對付巨災風險。不在洪泛區設廠可以避免洪災損失。但是,避免風險的方法並不適用於整體的巨災風險。也就是說,有些巨災風險如地震、洪水、暴風在整體上是無法避免的。同樣,非保險方式的轉移風險等方法也是如此。在巨災風險管理中廣泛應用的方法是損失管理,或稱損失控制。如本書第一章所述,損失管理計劃分為防損計劃和減損計劃,損失管理的技術分為工程管理和人為因素管理。以下我們以中國地震為例說明巨災風險的損失管理。

防損旨在減小損失發生的頻率,減損旨在減輕損失程度。地震是大地構造活動的結果,是一種自然現象,要消除地震損失發生可能性或根除它是不可能的事情,但我們可以採取措施來減少地震所造成的損失。一般來說,對地震災害的防損和減損對策主要有以下幾個方面。

1. 做好地震預測和預報

地震預測是針對破壞性地震而言的，是指在破壞性地震發生前根據對地震規律的認識，預測未來地震的時間、地點和強度，使人們可以防備。地震預測方法可分為三類：地震地質、地震統計和地震前兆。地質方法是以地質構造條件為基礎，宏觀估計地震地點和強度，可用這種方法劃分地震區域，但不能預測地震的時間。統計方法市從地震發生的歷史紀錄中探索其統計規律，估計發生某種強度地震的概率。前兆方法是根據前兆現象預測未來地震發生時間、地點和強度。地震前兆是地震預測的核心問題。

地震預報是根據地震預測對未來破壞性地震發生的時間、地點、震級及地震影響進行預報。地震發生的時間、地點和震級就是地震預報的三要素，完整的地震預報中，這三個要素缺一不可。與地震預測的區別是，在中國地震預報的發布權在政府。

地震預報按時間尺度可劃分為四種類型：

(1) 長期預報，指對未來 10 年內可能發生破壞性地震的地域的預報。

(2) 中期預報，指對未來 1~2 年內可能發生破壞性地震的地域和強度的預報。

(3) 短期預報，指對 3 個月內將要發生地震的時間、地點、震級的預報。

(4) 臨震預報，指對 10 日內將要發生地震的時間、地點、震級的預報。

《中華人民共和國防震減災法》第十六條規定：國家對地震預報實行統一發布制度。中國的國家數字地震臺網和中國地殼運動觀測網絡均於 2000 年正式建成，2001 年已投入正式運行。此外，數字地震前兆臺網的建設也有了新的進展。到目前為止，地震預測和預報還是一個世界性難題，仍處在探索階段。中國的地震預報由於國家的重視經過一代人的努力已居於世界先進行列，曾成功對海城等 14 次地震做出中短期和臨震預報。最著名的例子是：對發生在 1975 年 2 月 4 日 19 點 36 分的 7.3 級海城地震預報的成功，大大減少了人員傷亡。但像 1976 年的唐山大地震與 2008 年的汶川大地震，雖有地震工作者預測到，但未能預報到。另據報導，對 2014 年 11 月 22 日康定發生的 6.3 級地震，被甘孜州地震局和成都高新減災研究所聯合建設的地震預警系統成功預警，為康定縣和成都市分別提供了 7 秒、53 秒預警。

2. 根據地質情況和歷史地震活動情況確定建築物的抗震要求

從全球的重大地震災害調查中可以發現，95% 以上的人命傷亡都是因為建築物受損或倒塌所引致的。探討建築物於地震中受損倒塌的原因，並加以防範。提高建築物抗震性能，是提高城市綜合防禦能力的主要措施之一，同時也是防震減災工作中一項「抗」的主要任務。一些國際上造成重大傷亡的地震災害都呈現出類似的現象，除了地震規模（震級）大外，主要還是因為大量沒有經過良好抗震工程設計與施工的房屋倒塌。而且這些房屋經常是完全倒塌成一堆石塊廢墟，將人活埋，如：1999 年 8 月 17 日土耳其的伊茲米特地震、2001 年 1 月 26 日印度的布吉地震、2005 年 10 月 8 日巴基斯坦的克什米爾地震以及 2008 年 5 月 12 日的汶川大地震等，其死亡人數均超過 2 萬人。因此，探討建築物於地震中受損倒塌的原因，並加以防範，從工程上建造經得起強震的抗震建築是減少地震災害最直接、最有效的方法。

然而，不是符合抗震標準的房子就不會被震倒。假如建築物遭受極端地震的襲擊，超過其抗震標準，那麼建築物還是可能嚴重受損或倒塌的。以汶川地震的規模來推算，在龍門山斷層附近距離斷層線 20 千米範圍內的地震動強度可能高達 0.3g 以上（地震烈度 8 度以上），約相當於中國抗震規範烈度 9 度的設防地震水準，但實際耐震設計的標準只有 7 度左右。換言之，建築物只有 7 度的耐震能力（符合抗震標準），卻遭受了 9 度以上的地震襲擊。有些城市雖然距離龍門山斷層較遠，理論上震波會隨距離而衰減，但可能是因為地質較鬆軟，而在當地發生震波放大的效應（地盤效應），這也會使地震烈度超過抗震標準而成為重災區。因此對地震與活動斷層的充分研究也極為重要。

在土質條件不同的地面上，對地震烈度的反應會有很大差別。例如：在同樣地震力作用下，軟土層比花崗岩層上烈度可高出 2～3 度。地基土質條件的好壞，同樣的地震對建築物破壞大有區別。按照遭受地震破壞後可能造成的人員傷亡、經濟損失和社會影響的程度，以及建築功能在抗震救災中的作用，將建築工程劃分為不同類別，區別對待，採取不同的設計要求，是減輕地震災害的重要對策之一。汶川大地震表明，嚴格按照現行規範進行設計、施工和使用的建築，在遭遇比當地設防烈度高一度的地震作用下，沒有出現倒塌破壞。中國建設部的《建築抗震設計規範》按照中國地震區劃圖所規定的烈度確定了「小震不壞、中震可修、大震不倒」的抗震性能設計目標。這樣，所有的建築，只要嚴格按規範設計和施工，可以在遇到高於區劃圖一度的地震下不倒塌，實現生命安全第一的目標。

中國西南是地震多發地區，歐亞地震帶經過雲南、貴州、四川、青海、西藏。為什麼智利發生 8 級以上地震時，其傷亡人數比中國發生 7 級地震還少？這主要是因為智利建築物抗震性能已有大幅度提升，而中國地震帶上不少貧困地區的建築物抗震能力相當低下，村民個人建房為省經費不會考慮抗震標準。汶川地震後重建的農村民房完全按照國家抗震設計規範施工，經受了 2013 年蘆山 7 級地震的「實震檢驗」。

3. 制訂地震應急預案和計劃，提高社會整體抗禦地震的能力

為了加強對破壞性地震應急活動的管理，減輕地震災害損失，國務院於 1995 年 2 月 21 日公布了《破壞性地震應急條例》。該條例規定，由國務院防震減災工作主管部門會同國務院有關部門制定國家的破壞性地震應急預案，國務院有關部門應當根據國家破壞性地震應急預案，制訂本部門的破壞性地震應急預案。根據地震災害預測，可能發生破壞性地震地區的縣級以上地方人民政府防震減災工作主管部門應當會同同級有關部門以及有關單位，參照國家的應急預案，制訂本行政區域內的破壞性地震應急預案。破壞性地震應急預案內容包括：應急機構的組成和職責；應急通信保障；搶險救援的人員、資金、物資準備；災後評估準備；應急行動方案。應急措施分為臨震應急和震後應急。在可能發生破壞性地震地區的工礦企業、機關事業單位和街道社區等組織也應根據國家和地方有關地震應急預案要求，以及結合本地和本單位實際情況制訂地震應急計劃，並採取加強地震知識的宣傳、適時開展地震應急模擬演練等震前措施。

從上述對策來看，主要是減損措施，但有些也能局部減小地震損失頻率，如建築物的抗震要求。從技術角度分析，地震預測、建築抗震設計規範屬於工程管理，加強立法、地震應急預案、防震減災知識宣傳則屬於人為因素管理。

9.3 巨災保險制度

9.3.1 巨災保險制度內容

巨災保險制度，是指對由於突發性的、無法預料、無法避免且危害特別嚴重的如地震、颶風、海嘯、洪水、冰雪等所引發的大面積災難性事故造成的財產損失和人身傷亡，給予切實保障的風險分散制度。

9.3.2 中國巨災保險制度現狀

由於巨災風險的特殊性，國際上，如英國、美國、日本等國家的政府都有直接介入或間接支持，積極發揮國家的信用作用，制定有效的公共政策，重視工程性防損減災措施的實施，立足本國國情，針對主要的巨災風險進行單獨的有效經營管理，註重傳統和新型的巨災風險控制手段的運用，構建全國性或區域性的保障體系。

但是由於中國現階段既沒有英國發展完善的保險行業協會和再保險市場，也沒有美國那樣的發達國家的政府財政強力後盾，加上中國保險市場處於起步階段，人們的投保意識不強，大多數都依賴於政府救濟。因而可以採用結合政府主導和地方政府分配統籌來發揮社會主義制度的優越性，政策上政府指引，政府、保險公司和社會共同協作，各地方政府參與共同完善巨災保險機制的方式。

1. 中國應對巨災風險面臨的形勢

（1）保險業在巨災救助體系中的作用不突出。中國是世界上公認的地震、洪水、臺風等各種自然災害發生均比較頻繁的國家，每年造成的經濟損失都在1,000億元以上。而保險賠償僅占損失的5%，遠低於36%的全球平均水準。

（2）巨災保險制度不完善。1979年中國恢復國內保險業務以來，針對企事業單位的財產保險、船舶保險等和居民家庭財產保險的責任範圍均包含了各類巨災風險。20世紀90年代後期，各保險公司受償付能力的限制，對巨災風險採取了停保或嚴格限制規模、有限制承保的政策。2001年9月，中國保監會有條件放開商業財產地震保險的承保，保險公司逐步擴大了地震保險業務，但主要集中在關係國計民生、具有重大影響的大型項目。

（3）巨災保險供需之間矛盾突出。針對企業各類財產的保險和針對居民家庭財產的保險缺乏與地震相關的保障，針對巨災風險的農業保險也處於不斷萎縮的狀態。另外，在技術與服務能力等方面，保險業還遠遠不能滿足社會巨災風險處理的需要，這就使得巨災保險供需之間的矛盾十分突出。

2. 中國建立巨災保險制度的有利條件

（1）保險行業的發展快速。自中國恢復財產保險業務以來，經過二十多年的發展，中國財產保險市場取得了巨大的進步，其中財產保險的保費收入從1980年的4.6億元

增加到 2005 年的 1,229.9 億元，平均增長率為 25%，高於 15.9% 的同期國內生產總值平均增長率；從財產險的深度和密度來看，中國保險業在快速發展的同時仍有巨大的發展空間。經過近幾年重大自然災害尤其是去年近兩年持續地震災害的洗禮，各級政府對巨災的認識逐步深化，人民群眾的風險意識也普遍提高。因此，巨災保險不僅市場潛力巨大，而且肩負保障社會大眾避免巨災衝擊的社會責任。

（2）政府越來越重視巨災風險。近年來中國政府在保險業的發展中扮演著越來越重要的角色，不斷地開展各項活動，不斷商榷討論完善災害防範和救助體系。比如 2008 年中國南方持續出現雪災，面對突如其來的災害，中國保監會隨即發出《關於做好應對雨雪冰凍極端天氣有關工作的緊急通知》，對抗災救災和理賠服務工作提出了具體要求。「5/12」汶川大地震發生後，中國保監會立即啓動保險業重大突發事件應急預案一級回應程序，同時成立抗震救災指揮中心，全面部署保險業抗震救災工作。政府的重視和支持，為巨災保險制度的建立提供了有利條件。

（3）相關法律在不斷完善。政府積極開展立法工作，目前已出抬了數部如《中華人民共和國防震減災法》《森林防火條例》《中華人民共和國氣象法》《地質災害防治管理辦法》《中華人民共和國防洪法》《海洋環境預報與海洋災害預報警報發布管理規定》等 30 多部有關自然災害應急的法律法規，初步建立起自然災害應急法律制度，力求把各項災難造成的損失降至最低。2009 年 5 月新修訂的《中華人民共和國防震減災法》已經施行，其中規定「國家發展有財政支持的地震災害保險事業，鼓勵單位和個人參加地震災害保險」。以後巨災風險的承保還可能涉及多層次風險分散安排問題，對保險公司穩健經營有這重大意義。

（4）中國巨災保險技術和經驗逐步成熟。隨著經濟全球化，國外投資者不斷湧進中國來分這塊蛋糕，加上信息技術越來越發達，國外保險業為中國巨災保險的發展提供了一定技術支持和人才培訓。中國保險業累積了一定的巨災風險管理經驗，這為今後巨災保險的快速發展奠定了一定基礎。

9.3.3　建立巨災保險制度的積極效應

（1）促進社會和諧發展。政府救濟和社會捐贈往往僅能保障災區居民最基本的生存條件，不能有效地恢復災區企業與居民的生產生活。保險以其分散風險、消化損失、保障民生的功能已成為國際上主要的損失補償方式。巨災保險制度通過及時補償受害者的損失，有利於保障受害者的合法權益，緩解社會矛盾，協調社會關係，促進社會和諧穩定。建立巨災保險制度，通過發揮巨災保險的損失補償和防災防損功能，可以穩定人民群眾對災害損失的心理預期；利用保險業風險管理方面的專業優勢，最大程度上降低災害造成的損失；能夠及時為受災群眾賠付保險金，有利於受災群眾迅速恢復生產生活和有計劃地安排災後重建，維護社會和諧穩定。

（2）提高財政資金的使用效率。以國家財政為主的災害損失補償機制，一定程度上滋長了受災群眾的依賴心理，甚至造成受災地區虛報災情，將注意力集中在爭取更多的財政補貼上，而不是放在補償的運用效果上，從而增加道德風險，導致救災效率

低、公平性差。通過建立巨災保險制度，可以促進以政府財政為主的災害損失補償模式，向以保險賠償為主的市場機制補償模式轉變，將事後的巨災損失財政補償轉變為事前的保險安排，通過有效轉移自然災害造成的損失減少對政府財政的衝擊，充分發揮保險在風險保障方面的資金槓桿乘數效應，調動更多的資源來參與巨災風險管理，提升財政資金的使用效率，緩解政府財政壓力。

（3）減輕政府社會管理壓力。保險機制能夠在風險防範、風險識別、風險衡量、風險處理等風險管理各環節發揮重要作用。巨災保險制度具有支持國民經濟發展、維護社會穩定、保障人民群眾生命財產安全的社會管理功能。建立巨災保險制度，可以有效提高巨災風險管理水準，有利於政府從具體的防災減災以及災害損失補償等風險管理事務中解脫出來，在宏觀上更好地把握巨災風險管理的相關政策和提供必要的公共服務，從而緩解各級政府社會管理壓力，推進服務型政府建設。通過巨災保險機制，積極輔助政府進行災害損失領域的社會風險管理，降低了政府的社會管理成本，提高了對突發事件的處置效率，促進了政府社會管理機制逐步完善，可以實現公共政策目標，有效減輕政府的巨災風險管理壓力和社會管理壓力。

9.3.4 中國構建三位一體的巨災風險管理體系計劃

2015年8月20日，中國首個地震保險專項試點在雲南省大理白族自治州啟動。雲南農房地震保險以政府災害救助為體系基礎，以政策性保險為基本保障，以商業保險為有益補充，構建了三位一體的巨災風險管理體系。

（1）立足全面保障民生。雲南約50%以上的農房為土木結構，往往小震大災、大震巨災，農村、農民是最需要地震保險保障的地區和群體。試點方案從風險最高，損失最大的農房地震災害著手，既保障財產損失又保障人員傷害，在三年的試點期限內，為大理白族自治州所轄12縣（市）82.43萬戶農村房屋及356.92萬當地居民提供風險保障。為體現民生關懷，試點期間由省、州、縣三級政府財政全額承擔保費。

（2）有效提高保障水準。方案對試點地區發生5級（含）以上地震造成的農村房屋的直接損失、恢復重建費用以及居民死亡救助提供了有效保險保障。農村房屋保險賠償限額（指數保險）從2,800萬元到42,000萬元，使保險賠款在不同震級分檔下起到災害救助補充作用。居民保險賠償限額（地震災害救助保險）每人死亡賠償限額為10萬元，累計保險死亡賠償限額為8,000萬元/年。

（3）完善風險分散機制。保險公司組建地震保險共同體提供保險服務，強化抗風險能力和保險服務能力；引入再保險機制，進一步分散巨災風險；按照當年保費收入和超額承保利潤的一定比例計提地震風險準備金，逐步累積應對地震災害風險的能力。

（4）放大政策疊加效應。通過政府「有形之手」為市場「無形之手」發揮作用創造條件，凸顯保險「災前預防—災害補償—促進災後重建」的重要功能作用，使受災群眾在國家財政救濟基礎上獲得額外的保險保障。據測算，通過保險機制使財政資金的槓桿放大倍數最高達到了15.6倍，能夠有效轉移和平滑區域巨災風險損失。農房保險賠償平均可達到地震民房恢復重建政府補助總金額的34.07%，大大提高災區居民重建能力。

10 危機管理

本章重點

1. 掌握危機管理的定義和特徵。
2. 理解危機管理的原則和內容。
3. 瞭解危機管理的主要類型。

10.1 危機管理的定義和特徵

1. 危機管理的定義

危機管理（Crisis Management）是企業為應對各種危機情境所進行的規劃決策、動態調整、化解處理及員工培訓等活動過程，其目的在於消除或降低危機所帶來的威脅和損失。危機管理也常被稱之為危機溝通管理（Crisis Communication Management），原因在於，加強信息的披露與公眾的溝通、爭取公眾的諒解與支持是危機管理的基本對策。通常可將危機管理分為兩大部分：危機爆發前的預計、預防管理和危機爆發後的應急善後管理。

危機管理是專門的管理科學，它是為了對應突發的危機事件，抗拒突發的災難事變，盡量使損害降至最低點而事先建立的防範、處理體系和對應的措施。對一個企業而言，可以稱之為企業危機的事項是指當企業面臨與社會大眾或顧客有密切關係且後果嚴重的重大事故，而為了應付危機的出現在企業內預先建立防範和處理這些重大事故的體制和措施，則稱為企業的危機管理。

普林斯頓大學的諾曼·R. 奧古斯丁教授認為，每一次危機本身既包含導致失敗的根源，也孕育著成功的種子。發現、培育，以便收穫這個潛在的成功機會，就是危機管理的精髓。而習慣於錯誤地估計形勢，並使事態進一步惡化，則是不良的危機管理的典型。簡言之，如果處理得當，危機完全可以演變為「契機」。

2. 企業危機管理的特徵

（1）突發性。危機往往都是不期而至，令人措手不及，危機發作的時候一般是在企業毫無準備的情況下瞬間發生，給企業帶來的是混亂和驚恐。

（2）破壞性。危機發作後可能會帶來比較嚴重的物質損失和負面影響，有些危機

用毀於一旦來形容一點不為過。

（3）不確定性。事件爆發前的徵兆一般不是很明顯，企業難以做出預測。危機出現與否與出現的時機是無法完全確定的。

（4）急迫性。危機的突發性特徵決定了企業對危機做出的反應和處理的時間十分緊迫，任何延遲都會帶來更大的損失。危機的迅速發生引起了各大傳媒以及社會大眾對於這些意外事件的關注，使得企業必須立即進行事件調查與對外說明。

（5）信息資源緊缺性。危機往往突然降臨，決策者必須做出快速決策，在時間有限的條件下，混亂和驚恐的心理使得獲取相關信息的渠道出現瓶頸現象，決策者很難在眾多的信息中發現準確的信息。

（6）輿論關注性。危機事件的爆發能夠刺激人們的好奇心理，常常成為人們談論的熱門話題和媒體跟蹤報導的內容。企業越是束手無策，危機事件越會增添神祕色彩引起各方的關注。

10.2　企業危機管理的基本原則

（1）制度化原則。危機發生的具體時間、實際規模、具體態勢和影響深度，是難以完全預測的。這種突發事件往往在很短時間內對企業或品牌會產生惡劣影響。因此，企業內部應該有制度化、系統化的有關危機管理和災難恢復方面的業務流程和組織機構。這些流程在業務正常時不起作用，但是危機發生時會及時啓動並有效運轉，對危機的處理發揮重要作用。國際上一些大公司在危機發生時往往能夠應付自如，其關鍵之一是制度化的危機處理機制，從而在發生危機時可以快速啓動相應機制，全面而井然有序地開展工作。因此，企業應建立成文的危機管理制度、有效的組織管理機制、成熟的危機管理培訓制度，逐步提高危機管理的快速反應能力。天津史克面臨康泰克危機事件時的沉著應對就是一個典型的危機處理成功範例。相反，阜陽奶粉事件發生後，危機處理的被動和處理缺乏技巧性，反應出一些企業沒有明確的危機反應和決策機制，導致機構混亂忙碌，效率低下。

（2）誠信形象原則。企業的誠信形象是企業的生命線。危機的發生必然會給企業誠信形象帶來損失，甚至危及企業的生存。矯正形象、塑造形象是企業危機管理的基本思路。在危機管理的全過程中，企業要努力減少對企業誠信形象帶來的損失，爭取公眾的諒解和信任。只要顧客或社會公眾是由於使用了本企業的產品而受到了傷害，企業就應該在第一時間向社會公眾公開道歉以示誠意，並且給受害者相應的物質補償。對於那些確實存在問題的產品應該不惜代價迅速收回，立即改進企業的產品或服務，以盡力挽回影響，贏得消費者的信任和忠誠，維護企業的誠信形象。「泰諾」中毒事件的處理維護了約翰遜公司的信譽，贏得輿論和公眾的一致贊揚，為今後重新占領市場創造了極為有利的條件。相反，老字號南京冠生園原本也是個有競爭力的企業。2001年9月，中央電視臺對其月餅陳餡的曝光，使南京冠生園遭到滅頂之災，連帶全國的

月餅銷量下降超過六成。

（3）信息應用原則。隨著信息技術日益廣泛地被應用於政府和企業管理，良好的管理信息系統對企業危機管理的作用也日益明顯。信息社會中，企業只有持續獲得準確、及時、新鮮的信息資料，才能保證自己的生存和發展。預防危機必須建立高度靈敏、準確的信息監測系統，隨時搜集各方面的信息，及時加以分析和處理，從而把隱患消滅在萌芽狀態。在危機處理時，信息系統有助於有效診斷危機原因、及時匯總和傳達相關信息，並有助於企業各部門統一口徑，協調作業，及時採取補救的措施。2003年8月的「進口假紅牛」危機中，紅牛維生素飲料公司及時查找信息來源，弄清事情真相。紅牛公司立即同國內刊登該新聞的一些主要網站取得聯繫，向其說明事情真相。同時，紅牛通知全國30多個分公司和辦事處，要求它們向當地的經銷商逐一說明事情真相，並堅定經銷商對紅牛的信心和信任。及時、準確的信息應用使「假紅牛」的負面影響控制在一定範圍之內，把危機對於品牌和公司的危害降低到了最低限度。

（4）預防原則。防患於未然永遠是危機管理最基本和最重要的要求。危機管理的重點應放在危機發生前的預防，預防與控制是成本最低、最簡便的方法。為此，建立一套規範、全面的危機管理預警系統是必要的。現實中，危機的發生具有多種前兆，幾乎所有的危機都是可以通過預防來化解的。危機的前兆主要表現在產品、服務等存在缺陷、企業高層管理人員大量流失、企業負債過高長期依賴銀行貸款、企業銷售額連續下降和企業連續多年虧損等。因此，企業要從危機徵兆中透視企業存在的危機，企業越早認識到存在的威脅，越早採取適當的行動，越可能控制住危機的發展。1985年，海爾集團總裁張瑞敏當著全體員工的面，將76臺帶有輕微質量問題的電冰箱當眾砸毀，力求消除質量危機的隱患，創造出了「永遠戰戰兢兢，永遠如履薄冰」的獨具特色的海爾生存理念，給人一種強烈的憂患意識和危機意識，從而成為海爾集團打開成功之門的鑰匙。

（5）企業領導重視與參與原則。企業高層的直接參與和領導是有效解決危機的重要措施。危機處理工作對內涉及從後勤、生產、行銷到財務、法律、人事等各個部門，對外不僅需要與政府與媒體打交道，還要與消費者、客戶、供應商、渠道商、股東、債權銀行、工會等方方面面進行溝通。如果沒有企業高層領導的統一指揮協調，很難想像這麼多部門能做到口徑一致、步調一致、協作支持並快速行動。由於中國企業更多趨向於人治，企業高層的不重視往往直接導致整個企業對危機麻木不仁、反應遲緩。這一點在中國表現得尤為突出。因此，企業應組建企業危機管理領導小組，擔任危機領導小組組長的一般應該是企業一把手，或者是具備足夠決策權的高層領導。在「非典」危機中，中國最高領導人的高度重視和參與對克服「非典」起到了重要的作用。

（6）快速反應原則。危機的解決，速度是關鍵。危機降臨時，當事人應當冷靜下來，採取有效的措施，隔離危機，要在第一時間查出原因，找準危機的根源，以便迅速、快捷地消除公眾的疑慮。同時，企業必須以最快的速度啟動危機應變計劃並立刻制定相應的對策。如果是內因就要下狠心處置相應的責任人，給輿論和受害者一個合理的交代；如果是外因要及時調整企業戰略目標，重新考慮企業發展方向；在危機發

生後要時刻同新聞媒體保持密切的聯繫，借助公證、權威性的機構來幫助解決危機，承擔起給予公眾的精神和物質的補償責任，做好恢復企業的事後管理，從而迅速有效的解決企業危機。在 2003 年的「進口假紅牛」危機中，紅牛公司臨陣不慌，出手「快、準、狠」，將危機的負面影響減少到最小，從容地應對了這場關係品牌和產品的信任危機，體現出紅牛危機管理的水準。

（7）創新性原則。知識經濟時代，創新已日益成為企業發展的核心因素。危機處理既要充分借鑑成功的處理經驗，也要根據危機的實際情況，尤其要借助新技術、新信息和新思維，進行大膽創新。企業危機意外性、破壞性、緊迫性的特點，更需要企業採取超常規的創新手段處理危機。在遇到「非典」這種突發危機時，青島啤酒公司通過「兩個創新」牢牢地抓住了商機。一是渠道的創新。青島啤酒在許多城市通過與供水系統聯合，利用它們的配送網絡，實現了「非接觸」式的送貨上門。二是銷售終端的創新。青島啤酒改變以城市的酒店為重點的銷售終端，把力量集中在小區、社區和農村市場，有計劃、有步驟地進一步開發家庭消費市場這個終端。

（8）溝通原則。溝通是危機管理的中心內容。與企業員工、媒體、相關企業組織、股東、消費者、產品銷售商、政府部門等利益相關者的溝通是企業不可或缺的工作。溝通對危機帶來的負面影響有最好的化解作用。企業必須樹立強烈的溝通意識，及時將事件發生的真相、處理進展傳達給公眾，以正視聽、杜絕謠言、流言，穩定公眾情緒，爭取社會輿論的支持。在中美史克 PPA 遭禁事件中，中美史克在事發的第二天召開中美史克全體員工大會，向員工通報了事情的來龍去脈，宣布公司不會裁員。此舉贏得了員工空前一致的團結，避免了將外部危機轉化為內部危機。相反，三星集團主席李健熙是一個強勢的領導者。在 1997 年決定進入汽車產業的時候，李健熙認為憑藉三星當時的實力，做汽車沒有問題。實際上，汽車工業早已經是生產大量過剩、生產能力超過需求的 40%，世界級品牌正在為瓜分市場而激烈競爭。由於企業內部領導層缺乏溝通，部門經理不敢提出反對意見。結果是，三星汽車剛剛投產一年就關門大吉。李健熙不得不從自己的腰包裡掏出 20 億美元來安撫他的債主們。

10.3　企業危機管理的內容

　　危機管理是企業在探討危機發生規律，總結處理危機經驗的基礎上形成的新型管理範疇，是企業對危機處理的深化和對危機的超前反應。企業危機管理的內容包括：在危機出現前的預測與管理、危機中的應急處理以及危機的善後工作。在中國，危機管理具有特殊性。

1. 危機前的預防與管理

　　危機管理的重點就在於預防危機。正所謂「冰凍三尺非一日之寒」，幾乎每次危機的發生都有預兆性。如果企業管理人員有敏銳的洞察力，能根據日常收集到的各方面信息，對可能面臨的危機進行預測，及時做好預警工作，並採取有效的防範措施，就

完全可以避免危機發生，或把危機造成的損害和影響減小。出色的危機預防管理不僅能夠預測可能發生的危機情境，積極採取預控措施，而且能為可能發生的危機做好準備，擬定計劃，從而從容地應付危機。危機預防要注意以下幾方面問題：

（1）樹立正確的危機意識。要生於憂患，死於安樂；要居安思危，未雨綢繆。這是危機管理理念之所在。預防危機要伴隨著企業經營和發展長期堅持不懈，把危機管理當作一種臨時性措施和權宜之計的做法是不可取的。在企業生產經營中，要重視與公眾溝通，與社會各界保持良好關係；同時，企業內部要溝通順暢，消除危機隱患。企業的全體員工，從高層管理者到一般員工，都應居安思危，將危機預防作為日常工作的組成部分。全員的危機意識能提高企業抵禦危機的能力，有效地防止危機產生。

（2）建立危機預警系統。現代企業是與外界環境有密切聯繫的開放系統，不是孤立封閉體系。預防危機必須建立高度靈敏準確的危機預警系統，隨時收集產品的反饋信息。一旦出現問題，要立即跟蹤調查，加以解決；要及時掌握政策決策信息，研究和調整企業的發展戰略和經營方針；要準確瞭解企業產品和服務在用戶心目中的形象，分析掌握公眾對本企業的組織機構、管理水準、人員素質和服務的評價，從而發現公眾對企業的態度及變化趨勢；要認真研究競爭對手的現狀、實力、潛力、策略和發展趨勢，經常進行優劣對比，做到知己知彼；要重視收集和分析企業內部的信息，進行自我診斷和評價，找出薄弱環節，採取相應措施。

（3）成立危機管理小組，制訂危機處理計劃。成立危機管理小組，是順利處理危機，協調各方面關係的組織保障。危機管理小組的成員應盡可能選擇熟知企業和本行業內外部環境，有較高職位的公關、生產、人事、銷售等部門的管理人員和專業人士參加。他們應具有富於創新、善於溝通、嚴謹細緻、處亂不驚、具有親和力等素質，以便於總覽全局，迅速做出決策。小組的領導人不一定非公司總裁擔任不可，但必須在公司內部有影響力，能夠有效控制和推動小組工作。危機管理小組要根據危機發生的可能性，制定出防範和處理危機的計劃，包括主導計劃和不同管理層次的部門行動計劃兩部分內容。危機處理計劃可以使企業各級管理人員做到心中有數，一旦發生危機，可以根據計劃從容決策和行動，掌握主動權，對危機迅速做出反應。

（4）進行危機管理的模擬訓練。企業應根據危機應變計劃進行定期的模擬訓練。模擬訓練應包括心理訓練、危機處理知識培訓和危機處理基本功演練等內容。定期模擬訓練不僅可以提高危機管理小組的快速反應能力，強化危機管理意識，還可以檢測已擬定的危機應變計劃是否切實可行。

（5）廣結善緣、廣交朋友。運用公關手段來建設和維繫與公眾的關係，以獲得更多支持者。

2. 危機中的應急處理

危機事件往往時間緊，影響面大，處理難度高。因此，危機處理過程中要注意以下事項：

（1）沉著鎮靜。危機發生後，當事人要保持鎮靜，採取有效的措施隔離危機，不讓事態繼續蔓延，並迅速找出危機發生的原因。

（2）策略得當。即選擇適當的危機處理策略。危機處理主要策略包括：

①危機中止策略。企業要根據危機發展的趨勢，審時度勢，主動中止承擔某種危機損失。例如，關閉虧損工廠、部門，停止生產滯銷產品。

②危機隔離策略。由於危機發生往往具有關聯效應，一種危機處理不當，就會引發另一種危機。因此，當某一危機產生之後，企業應迅速採取措施，切斷危機同企業其他經營領域的聯繫，及時將爆發的危機予以隔離，以防擴散。

③危機利用策略。即在綜合考慮危機的危害程度之後，造成有利於企業某方面利益的結果。例如：在市場疲軟的情況下，有些企業不是忙著推銷、降價，而是眼睛向內，利用危機造成的危機感，發動職工提合理化建議，搞技術革新，降低生產成本，開發新產品。

④危機排除策略。即採取措施，消除危機。消除危機的措施按其性質有工程物理法和員工行為法。工程物理法以物質措施排除危機，如投資建新工廠，購置新設備，來改變生產經營方向，提高生產效益。員工行為法是通過公司文化、行為規範來提高士氣，激發員工創造性。

⑤危機分擔策略。即將危機承受主體由企業單一承受變為由多個主體共同承受。如採用合資經營、合作經營、發行股票等辦法，由合作者和股東來分擔企業危機。

⑥避強就弱策略。由於危機損害程度強弱有別，在危機一時不能根除的情況下，要選擇危機損害小的策略。

（3）應變迅速。以最快的速度啟動危機應變計劃。應刻不容緩，果斷行動，力求在危機損害擴大之前控制住危機。如果初期反應滯後，就會造成危機蔓延和擴大。1996年，美國某電視臺的直播節目指控連鎖超市「雄獅食品」出售變質了的肉製品，結果引起該公司的股票價格暴跌。但是，雄獅食品公司迅速採取了危機應對行動。他們邀請公眾參觀店堂，在肉製品製作區立起透明的玻璃牆供公眾監督。同時，採取了改善照明條件，給工人換新制服，加強員工培訓，大幅打折促銷等一系列措施，將客戶重新吸引回來。經過這些強有力的實際行動，最終，食品與藥品管理局對它的檢測結果為「優秀」。此後，銷售額很快恢復到了正常水準。

（4）著眼長遠。危機處理中，應更多地關注公眾和消費者的利益，關注公司的長遠利益，而不僅僅是短期利益。應設身處地地盡量為受到危機影響的公眾減少或彌補損失，維護企業良好的公眾形象。20世紀90年代曾經紅極一時的「三株口服液」，就是因為對一場原因說不清、道不明的人命官司處理不當，對受害者漠然置之，不重視公眾利益，最終導致公司經營難以為繼。這種錯誤屢見不鮮，教訓何其深刻。

（5）信息通暢。建立有效的信息傳播系統，做好危機發生後的傳播溝通工作，爭取新聞界的理解與合作。這也是妥善處理危機的關鍵環節，主要應做好以下工作：一是掌握宣傳報導的主動權，通過召開新聞發布會以及使用互聯網、電話傳真等多種媒介，向社會公眾和其他利益相關人及時、具體、準確地告知危機發生的時間、地點、原因、現狀，公司的應對措施等相關的和可以公開的信息，以避免小道消息滿天飛和謠言四起而引起誤導和恐慌。二是統一信息傳播的口徑，對技術性、專業性較強的問

題，在傳播中盡量使用清晰和不產生歧義的語言，以避免出現猜忌和流言。三是設立24小時開通的危機處理信息中心，隨時接受媒體和公眾訪問。四是要慎重選擇新聞發言人。正式發言人一般可以安排主要負責人擔任，因為他們能夠準確回答有關企業危機的各方面情況。如果危機涉及技術問題，就應當由分管技術的負責人來回答。如果涉及法律，那麼，企業法律顧問可能就是最好的發言人。新聞發言人應遵循公開、坦誠、負責的原則，以低姿態、富有同情心和親和力的態度來表達歉意，表明立場，說明公司的應對措施。對不清楚的問題，應主動表示會盡早提供答案。對無法提供的信息，應禮貌地表示無法告之並說明原因。

（6）要善於利用權威機構在公眾心目中的良好形象。為增強公眾對企業的信賴感，可邀請權威機構（如政府主管部門、質檢部門、公關公司）和新聞媒體參與調查和處理危機。1997年，當百事可樂的軟飲料罐中發現了來歷不明的註射器時，百事公司迅速邀請五家電視臺、公證機構以及政府質檢部門參加對公眾的演示活動，以證明這些異物只可能是由購買者放進去的。結果，由於措施得當及時，公眾的喧鬧很快便得到平息。

3. 危機的善後總結

危機總結是整個危機管理的最後環節。危機所造成的巨大損失會給企業帶來必要的教訓，所以，對危機管理進行認真系統的總結十分必要。危機總結可分為三個步驟：

（1）調查。它是指對危機發生原因和相關預防處理的全部措施進行系統調查。

（2）評價。它是指對危機管理工作進行全面的評價。包括對預警系統的組織和工作內容，危機應變計劃，危機決策和處理等各方面的評價，要詳盡地列出危機管理工作中存在的各種問題。

（3）整改。它是指對危機管理中存在的各種問題綜合歸類，分別提出整改措施，並責成有關部門逐項落實。

10.4　企業危機管理的類型

不同性質的危機，處理方法有所差異。在處理危機前，企業首先應認清到底發生了什麼性質的危機。關於危機的分類十分龐雜，出現這種情況的原因主要有：一是誘發危機的原因複雜而多變；二是不同的學者為了便於開展研究，根據不同的標準對危機進行了分類。不同的危機會對企業帶來不同種類和程度的危害。對於食品企業來說，危機管理不同於日常管理，它具有管理難度大、風險高的特點，為了更好地進行危機管理，我們有必要對危機管理進行分類，使危機管理工作更具針對性，並認識到危機帶來的危害，將其破壞性降低到最低程度。

1. 公共危機管理

任何危機和突發事件均會不可避免地帶來不同程度的公共問題，給人們帶來生理上、心理上一定範圍或一定時間的影響與危害；同樣公共危機事件如果處理不當或處

理不及時，可能會誘發社會問題，影響社會穩定。

現代食品企業的生產能力不斷擴大，銷售也日益全球化，危機的發生範圍也日益擴大。要注意，當公共危機突然降臨時，積極的行動要比單純的廣告和宣傳手冊中的華麗詞彙更能夠有效地恢復和建立公司的聲譽，在當前這種強調企業責任的大環境中，僅僅依靠言辭的承諾，而沒有實際行動，只能招來消費者和公眾更多的質疑和譴責。

對於公司處理公共危機方面的做法和立場，輿論贊成與否往往都會立刻見於傳媒報導。如果公司在信息溝通上慢了一步，公共輿論就會將你淹沒，並置你於死地。因此必須要當機立斷，快速反應，果斷行動，與媒體和公眾進行溝通，從而迅速控制事態，否則會擴大突發危機的範圍，甚至可能失去對全局的控制。

在食品商業活動中，經營管理不善、市場信息不足、同行競爭，甚至遭受惡意破壞等，加之自然災害、事故，都使得現在大大小小的企業危機四伏。所有這些危機都將作為一種公共事件，任何組織和個人在危機中採取的行動，都會受到公共的審視，如果在公眾危機處理方面採取的措施失當，將會使企業的品牌價值和信譽受到致命打擊，難以生存。

2. 企業行銷危機管理

當今變化複雜的市場環境中，企業行銷不僅要面對激烈的行銷競爭，而且要應對各種突如其來的危機。忽視這些危機或不能對危機採取有效的防禦和應對措施，都會對企業帶來重大的損失。

市場調研是危機管理的主要依據，它是必不可少且相當重要的，而市場調研的關鍵就是針對性強，不然將會影響到決策的正確程度，還可能導致整個計劃的失敗。企業的競爭是市場的競爭。市場競爭是終端的競爭。企業行銷作為一門實用科學必須遵從於市場規律。從科學角度出發，開發市場不是無序的。在任何一個行業或者同一個細分市場上都有多個產品或品牌在競爭。面對一個看似飽和、過度競爭的市場，新人或落後者的機會在哪裡？如何與行業領導者對決？如何在強手如林的商戰中贏得一席之地，生存、發展，並且壯大？這是眾多企業面臨的共同的和最重要的商業課題，同時也是避免企業行銷危機必須要思考的重要課題。

3. 企業人力資源危機管理

企業自身素質的提高是需要經過長期的培訓與鍛煉的，因此這就需要企業建立基於共享的遠景戰略性人力資源管理體系，包括建立人力資源危機管理系統。

不論是企業內部原因還是外部原因引發的危機，最終都會涉及企業的人力資源，人力資源要麼成為企業危機產生的原因，要麼成為危機的關聯因素。我們可以通過對相關管理指標的衡量來判斷人力資源管理危機的主要類型。

當組織中的銷售額、利潤、人均勞動生產率等指標連續下降到低於行業平均水準時，說明組織雇傭過剩，員工收益和工作熱情都會降低，人力資源效率危機就會出現。而人均成本、工資增長、人員流失率指標的不斷增長，則意味著成本增高大於利潤增長，可能出現薪酬調整危機和人才短缺等問題。而當出勤率、員工滿意度明顯降低則可能意味著組織中的離職危機傾向升高。在員工素質方面的有關指標是，如果學歷結

構不合理，相當部分的員工基本素質可能與崗位要求不匹配，則組織中可能出現管理及企業文化方面的危機。人才結構合理性危機的出現還可以用員工年齡結構來衡量。

另外的一個指標是工作效率，它的下降可能說明組織結構設計及工作流程設計不盡合理；而當員工的工作責任心持續降低時，組織可能出現了績效考評或激勵機制方面的危機。每一個優秀企業都有其領軍人物，是公司管理層的核心，特別是公司的CEO、COO、執行副總裁，甚至是高級技術人員、高級行銷人員，這些主要領導人中的一位或幾位突然跳槽或死亡也會引發危機。

4. 企業擴張危機管理

企業向來都有「求大」情結，比較熱衷於追求經濟總量的擴張。面對經濟全球化的趨勢，食品行業發展大企業和企業集團是非常必要的，但是片面追求大而全的經營方式，不考慮自身能力，盲目走擴張的道路，是不可取的。

有人認為企業規模的擴大就是提高企業的規模效益。但是「規模效益」是有條件的，如果盲目擴張，企業的成本結構就會出現經濟學上的「微笑曲線」，即隨著產量的增加，成本不但不繼續下降，反而升高。企業擴張，要防止過快發展，造成財務危機，避免失控發展是企業擴張中要注意的最重要的問題。要使企業持續、平穩發展，企業要將長期投資和短期發展結合起來，避免戰線太長和無效投資。

求大是所有企業的共同心態，兼併重組作為低成本擴張的一條捷徑，常常成為企業傾向性的選擇，但是「求大容易，避險難」，企業擴張之路並非坦途，在擴張決策制定、實施以及擴張後的整合過程中，稍有不慎，便有可能帶來種種風險，致使企業陷入進退兩難的危機中。

5. 企業創新危機管理

高度信息化的今天，「創新」已成為價值的源泉。曾任 IBM 大中華區董事長及首席執行總裁周偉焜說：「我們深刻地感受到，變平的世界將讓每個個體都站在同一水準線上，任何企業、組織甚至個人都將參與到全球整合的業務環境中。在變平的世界中，無論業務規模是大是小，成功者將是那些將創新深植於其 DNA 中的企業，是那些不斷重新審視正在發生的變化、創新的意義以及營運業務方式的企業。」

奧斯卡·王爾德曾說過：「沒有風險的創意根本算不上一個創意。」企業創新危機，一方面表現為忽略新產品的市場潛力和新技術的引進，抱著傳統產品不放，最終導致產品缺乏市場競爭力，造成企業淘汰出局的局面；另一方面企業創新本身充滿著危機，如缺乏對創新風險的認知，對於技術或者產品的發展趨勢做出錯誤的預測，使得企業的產品完全偏離了企業總體發展方向和市場的需求。

一些在行業中根基牢固，長期居領先地位的公司，常常會染上缺乏創新、競爭意識和進取心的 3C（自滿 complacency，保守 conservation，自負 conceit）綜合徵。3C 綜合徵對於出於領先地位的公司取得進一步成功是極為有害的。

創新來自於與眾不同的前瞻性的思考和行動，必須時時預防 3C 的思維模式影響企業的敏銳洞察力：阻礙系統性的思考，阻礙策略性的行動。企業的領導者必須經常思考：我們所處的行業現狀和未來發展趨勢是怎樣的？我們的市場如何變化？我們緊跟

市場變化和需求了嗎？我們如何利用自身優勢改造市場？我們可以創造我們想要的未來市場嗎？我們將以怎樣的策略和行動來適應市場？我們依靠什麼獲得和保持市場競爭優勢？對這些問題的回答可以幫助公司找到自己的位置，認清面臨的威脅與自己的不足，保持積極進取的心態，確立自己的發展方向和經營策略，為公司的創新活動確定基調和基礎，是避免創新危機的正道。

6. 企業信譽危機管理

信譽是企業生命的支柱。企業信譽問題已經成為全球普遍關注的焦點。「信譽管理」這一說法在國外日益突出，並為大眾所接受，甚至還創辦了《信譽管理》雜誌。很多學者認為企業之間的競爭經歷了價格競爭、質量競爭和服務競爭，當今已經開始進入一個新的階段——信譽競爭。

喪失信譽等於喪失一切。信譽是企業競爭的有力武器。企業良好信譽能夠激發員工士氣，提高工作效率；能夠吸引和薈萃人才，提高企業生產力；能夠增強金融機構貸款、股東投資的好感和信心；能夠以信譽形象細分市場，以形象力占領市場，提高企業利潤；能夠提高和強化廣告、公關和其他宣傳效果。企業信譽是在企業長期營運過程中形成的，分析和研究企業信譽危機及其產生根源，並從完善外部環境、作好戰略定位、確立市場信譽機制及改善管理水準等方面，提出解決信譽危機的策略，是現代企業發展的重要保證。

7. 企業公關危機管理

隨著競爭環境的日益激烈，企業必須高度重視公關危機管理工作。面對公關危機，企業必須從戰略的高度認識和對待這一個問題。一般來說，危機發生後，企業可採用具有不同功能的方式：司法介入、廣告反擊、公關控制，但是最關鍵的是要建立防患於未然的危機公關管理機制。防止公關危機加劇的重要方法之一是採取開放的手段，向媒體和消費者提供關心問題的相關信息，通過擴大企業正面信息量的方法來防止歧義的產生，消除疑慮。還要瞭解組織的公眾，傾聽他們的意見，並確保組織能夠把握公眾的抱怨情緒，設法使受到危機影響的公眾站到組織的一邊。最重要的一點是要保持信息傳播口徑的一致。注意發揮輿論領袖的作用，如企業的最高領導者、行業協會、政府組織等，利用他們所具有的權威性消除影響。還要從正面闡述真相，並在必要的情況下適時對公眾做出必要的承諾。

8. 企業財務危機管理

所謂的財務危機，是指企業不能償還到期債務的困難和危機，其極端形式是企業破產。當企業資金匱乏和信用崩潰同時出現時，企業破產便無可挽回。因此，為防止財務危機與破產的發生，每個企業都在尋求防止財務危機的方法和挽救危機的措施，而加強財務危機的預警系統是每個企業危機管理的重中之重。

財務控制是防範和化解危機的關鍵。失敗的管理者最明顯的失誤往往表現在對公司財務的失控上。當一個公司缺乏對現金流的控制、沒有完善的成本核算和會計信息系統時，往往會陷入財務控制不力的沼澤中。財權控制上的失誤又將導致公司在投資方向、遭受損失的原因及應該採取的對策等問題上處於混沌不清的狀態，這是公司陷

入困境的一個常見原因。健全財務危機管理的一項重要任務，是對公司的經理人員進行財務知識培訓，要求經理們必須對財務知識所包含的內容有清楚的認識，以便做出周全的決策。優秀的財務審計系統是有效預防危機的天然屏障，利用有效的財務分析方法也能有效防範危機的發生。引入現金支持、改善財務構架、降低成本是公司擺脫危機的主要方法。

9. 企業品牌危機管理

世界著名廣告大師大衛・奧格威增對品牌這樣描述：「品牌是一種錯綜複雜的象徵，它是品牌屬性、名稱、包裝、價格、歷史、聲譽、廣告方式的總和。」每一個品牌的成長都需要無數的磨礪，並能帶來巨大的利潤。企業無不把自己的品牌視為企業生命。品牌危機管理一般包括危機預警和危機處理兩個方面，既要建立品牌危機預警系統，做到未雨綢繆，又要建立和演練快速反應機制，一旦危機到來，必須全力以赴，迅速化解。全球知名企業都非常重視品牌危機管理，建立先進的危機防範預警機制，有的企業還設立首席問題官職位。

強化品牌危機管理是防範品牌營運風險、保證品牌良性發展的有效手段，品牌危機管理是企業品牌管理的核心內容之一。無論是新創建品牌還是已經創建起來並在營運的品牌，要打造真正的強勢品牌，都必須站在戰略性高度做好品牌危機防範和管理工作，使品牌良性發展，進而推動企業良性發展。

10. 產品質量危機管理

產品質量關係到公司的生死存亡。由產品質量問題所造成的危機是企業最常見的危機，產品質量問題能夠直接引發消費者的不信任和不購買，隨之造成銷售量的大幅下滑，引發企業經營危機和困境。有些公司雖然產品質量較高，但是因為競爭對手的產品質量提高了，或者消費者的要求提高了，也會產生危機。不斷提高產品質量是公司避免和擺脫危機的重要手段之一，因產品質量問題而出現危機的公司必須依靠提高產品質量來擺脫困境。因此一旦發生質量危機，應不惜一切代價迅速回收市場的問題產品，並利用大眾傳媒告知公眾事實真相和退回方法。

國家圖書館出版品預行編目（CIP）資料

風險管理 / 蒲麗娟, 劉雨佳 主編. -- 第一版.
-- 臺北市：財經錢線文化, 2019.10
　　面；　公分
POD版

ISBN 978-957-680-358-1(平裝)

1.風險管理

494.6　　　　　　　　　　　　　　　　108016337

書　　名：風險管理

作　　者：蒲麗娟、劉雨佳 主編

發 行 人：黃振庭

出 版 者：財經錢線文化事業有限公司

發 行 者：財經錢線文化事業有限公司

E-mail：sonbookservice@gmail.com

粉 絲 頁：　　　　　網　址：

地　　址：台北市中正區重慶南路一段六十一號八樓815室
8F.-815, No.61, Sec. 1, Chongqing S. Rd., Zhongzheng
Dist., Taipei City 100, Taiwan (R.O.C.)

電　　話：(02)2370-3310　傳　真：(02) 2370-3210

總 經 銷：紅螞蟻圖書有限公司

地　　址：台北市內湖區舊宗路二段121巷19號

電　　話：02-2795-3656　傳真：02-2795-4100　　網址：

印　　刷：京峯彩色印刷有限公司（京峰數位）

　　本書版權為西南財經出版社所有授權崧博出版事業股份有限公司獨家發行電子書及繁體書繁體字版。若有其他相關權利及授權需求請與本公司聯繫。

定　　價：250元

發行日期：2019年10月第一版

◎ 本書以POD印製發行